参加体験から始める価値創造

松下 隆 著

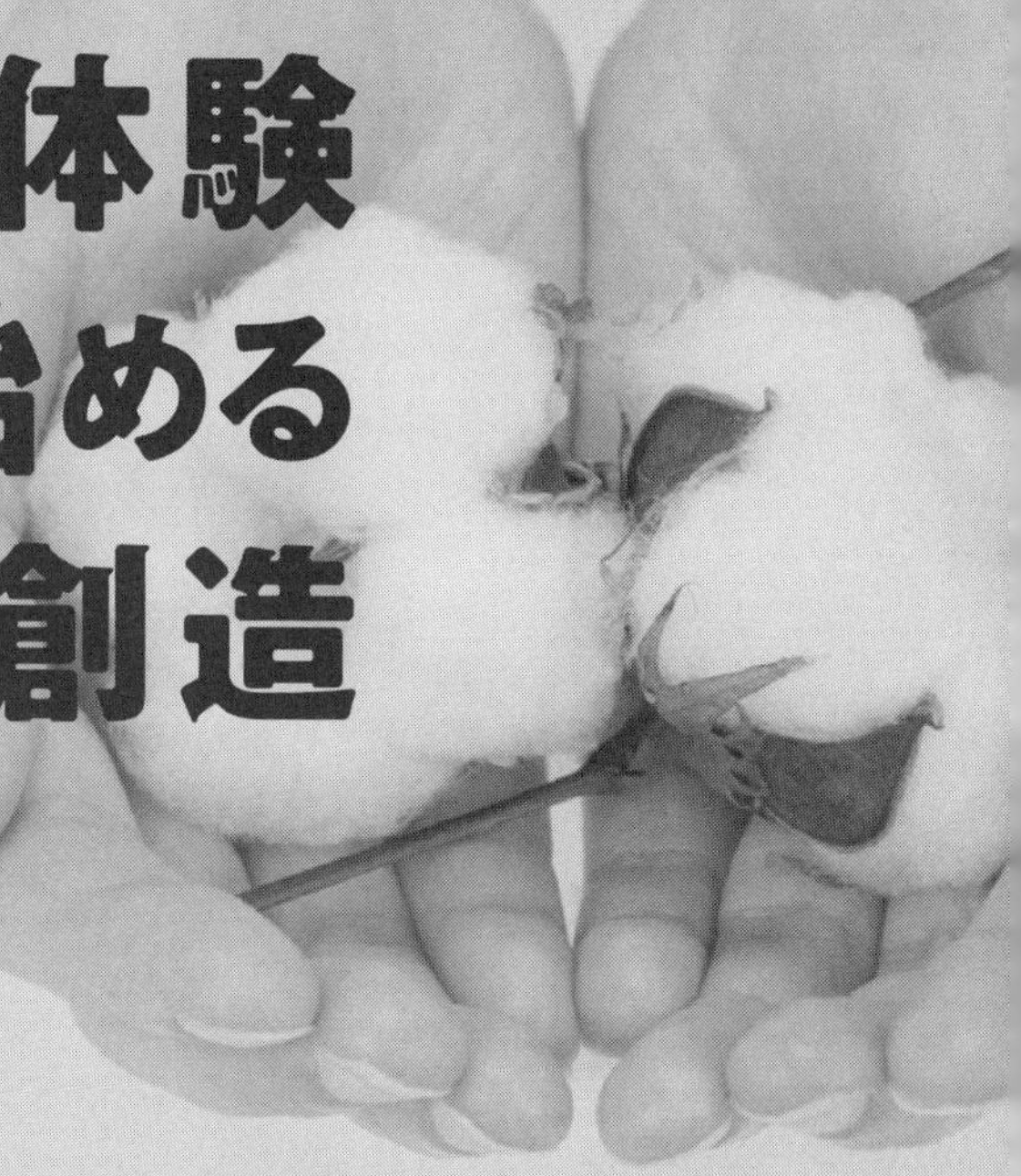

綿花栽培に学ぶ
コトづくり
マーケティング

はじめに

肌着やワイシャツが綿製品であることはご存知だと思います。では、綿製品の糸は、綿花という植物からできているのをご存知ですか？

また、繊維の原料である綿花が全量に近く輸入に依っていることはご存じだと思いますが、一方で、日本国内でもわずかながら、綿花が栽培されていることをご存じでしょうか？

最近、「純国産」が優れた商品という意味で認識され、本当に最高の品質のものづくりを目指そうとする動きがあることを。

本書では、日本国内での綿花栽培の動き、その活動に作り手も買い手も共に参加し、様々なことを体験する、そうしたストーリー仕立てのものづくりについて、全国で起こりつつある事例を中心に、なぜそうしたマーケティング方法が採られているのか、時代背景の変化などから分析し、書き綴ったものです。

東日本大震災を機に人々の価値形成が「ナチュラル志向」、「本質志向」に傾き変化してきていると思われます。こうした価値形成の変化を敏感にとらえた企業や人々が、ものづくりにおける新たな試みとして、自ら綿花栽培を行い、加えて、顧客とともにものづくりを楽しむ新たなマーケティング手法が実践されています。

こうしたマーケティング手法は作り手と買い手が一緒にものづくりのバックグラウンドを経験することでモノとサービスを組み合わせた独自の「価値共創」を目指すものです。この考え方は「サービス・ドミナント・ロジック」と呼ばれる新しいマーケティング手法なのです。

少子化社会の到来、社会価値の多様化など人々を囲む環境は大きく変化しようとしています。こうした変化をつぶさにとらえて新たな「コト」づくりマーケティングを始めようとする企業者や個人、また、すでに取り組んでいる方々にお読みいただければ、これからの活動を考えるうえでの何らかのヒントになろうかと考えています。

２０１４年初頭　　　　　　　　　　　　　　　松下　隆

序

今後到来する人口減少社会に際して、企業や個人事業者が取り組むべき、コトづくりマーケティングとは、以下のようにまとめられます。

人口減少社会の到来によって、私たちはこれまでの社会システムを大きく変革させる必要性に迫られます。

まず、物販や飲食など消費・購買は大幅に縮小均衡していくでしょう。２００８年に人口数がピークアウトするなか、既にその兆しは様々なかたちで表れています。消費・購買が減少すれば、大量生産販売、チェーン展開方式といった効率性を追求したビジネスモデルはその勢いにやがて陰りが出てくると推測されます。

一方、地域や人の暮らしに合わせた財やサービスが好まれ、各地域で特色あるものが創り出されるでしょう。

参加体験コトづくりマーケティング　要旨

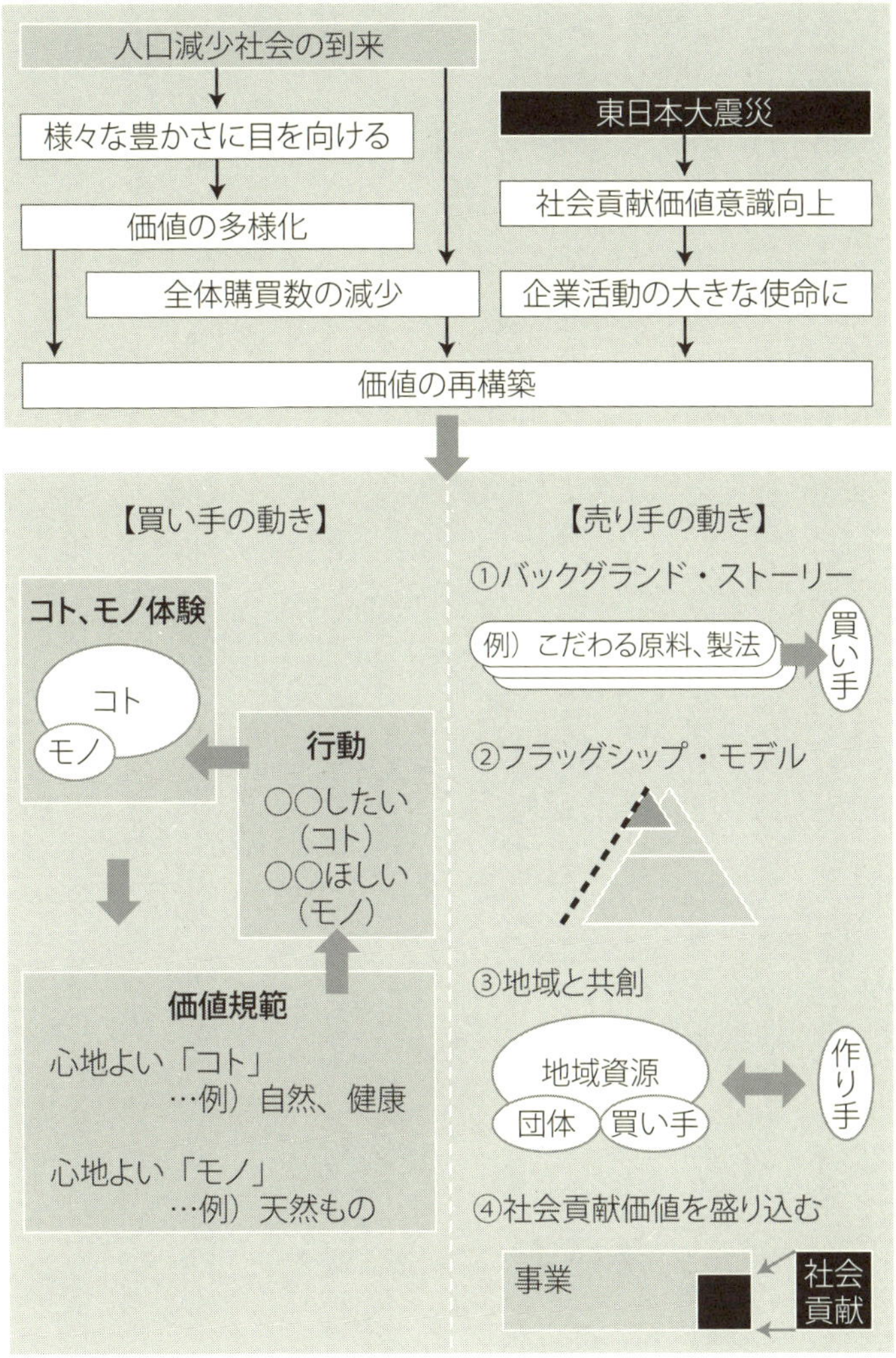

そうした特色あるものは、製造段階で大規模な数量を揃えることは難しく、特別な製造方法が必要となる場合があります。また、素材や製法など特別な方法をもって作られたものは、「最高級品（フラッグシップ）」として、その作り手の方向性を指し示す羅針盤の役割を担います。

こうしたものづくりの設計・製造過程について、そのこだわりやそれへの価値をとりまとめて、「バックグランド・ストーリー」として見える化することで、ものやサービスの価値向上を図るのです。

一方で、人口減少社会を迎え、支え合いの精神が重要視されることから、作り手の企業はその利益の一部を、買い手は購買額の一部を間接的に社会貢献に役立てていることがますます求められるようになるでしょう。作り手、買い手は常に社会の中で生活していることから、社会の安定や豊かさへの貢献が企業の価値形成に大きな影響をもちます。同時に、買い手は間接的にも社会の課題解決に役立つように、購買を通じたアクションを起こすことが求められます。社会的課題の解決を意識しながら、企業行動、購買行動が自然に行われることに大変重要な意味を持つのです。

今後必要なマーケティング策

1. コトづくりには、「バックグランド・ストーリー」を付与する
2. 各社「フラッグシップ・モデル」を示すことで、自社のコトづくりの方向性、価値観を買い手など社会に訴求する
3. 地域住民、自治体、関係団体などと共創し、地域資産を活用する
4. 社会貢献価値（CSV）を事業に埋め込む

「バックグランド・ストーリー」

「モノづくりは、コトづくり」であり、どう作るのか、どこに特徴があるのかを買い手に伝える必要があります。ものづくりの過程や具体的な方法等は、買い手がそのものを媒介にして交換する目に見えない価値を獲得するのに必須の情報です。

「コト」をつくることは、その工程のバックグランドをストーリーにして、それを買い手に伝える行為なのです。

「フラッグシップ・モデル」

ものづくりに関しての考え方、志向性を買い手や社会に指し示すのが、「フラッグシップ」モデルの重要な役割です。量産品とは隔絶された理想的な条件を定めて、制作したものを、作り手が目指す方向性を示す羅針盤が「フラッグシップ・モデル」なのです。

「地域住民、自治体、関係団体と共に活動」「地域資産を活用」

地域の歴史、伝統、特産品などの地域資産を活用し、ものづくりにストーリーを与えます。そのためには、作り手単独ではなく、農業法人、自治体、協同組合、地域住民など様々なセクター同士で協業し、地域一丸となった取組みにすることが重要な方策でしょう。

「社会貢献価値（CSV＝Creating Shared Value）」

作り手が行う商品の販売やサービスの提供、体験セミナーなどの事業を通じて社会に対して何らかの貢献価値を果たす仕組みが含まれていることが必要です。社会的な課題解決を通じて作り手や買い手が生かされているのです。

◉目　次

第2章

第3章 広がる綿花栽培と製品づくり……45

第4章

江戸時代から人々に身近な綿花……65

事例3 一般財団法人境港市農業公社
―和綿を市民が栽培し、「伯州綿」のブランド化　112

第6章

第1章

「参加体験コトづくりマーケティング」とは

コトづくりに求められるマーケティングとは

本書における「参加体験コトづくりマーケティング」の意味するところを最初にお伝えします。

「参加体験」＋「コトづくり」＋「マーケティング」を繋いだ造語で、「参加体験」とは、ものづくりの過程に買い手や興味ある者が材料作りや加工工程において参加し、それらを体験する仕組みを有することです。

次いで、「コトづくり」とは、究極のものづくりを行い、そのバックグラウンド・ストーリーを買い手に伝えることを通じて「コト」を創り上げることです。「コト」を伝えるための「モノ」は工業製品に加えて、むしろクラフト、工芸品などが重要になります。

「マーケティング」とは、文字通り「Market」＋「ing」で、作り手が「モノ」や「コト」を作り手に提供する行為を指します。

まとめますと、本書の事例等を通して、作り手と買い手が一緒に何かを作り上げる過程

「共創」を楽しみながら、新しい「モノ」や「コト」を作り上げる作業の必要性を考え、そのマーケティングの特長や手法を見出そうとしています。

農産物を作り、加工して、自分だけの商品をつくる

例を挙げると、神奈川県においてメンバーで1年間、米作りを体験し、地元の酒造メーカーに自分たち限定の酒の醸造を依頼、米作り体験からできた米とお酒を楽しむという参加型の体験活動、「僕らの酒」(1)が理解しやすいと思います。参加は自由で、メンバー同士

(1) 簡単に手に入る米、酒を自ら作ってみることで、楽しみ、仲間を作り、味わう農業、体験、販売のイベント。2014年は、シーズン6(6シーズン目)メンバーの募集を行う。運営は、NPO法人「西湘をあそぶ会」(神奈川県中郡大磯町)。農業指導は、地元の農家が担当。2009年4月から大井町に約2反の休耕田を借り、ネット情報やクチコミで集まったメンバーで、酒米を作りはじめる。シーズン5のメンバーは約151名(酒造り会員は83名)、そのうち初参加組が80名前後いる。田植え、収穫、地元の老舗酒蔵「井上酒造」への酒造りなど1年間同じメンバーで楽しむ。http://seishorakuza.jp/myinaka/

は緩やかなにつながっています。酒造りのメンバー80名程度に加えて、全体で150名近い人々が、グループで、家族で、1人で参加しているようです。

メンバーは、遠く東京、千葉、埼玉、山梨からも参加し、男女比はほぼ半々です。田んぼをやってみたい人、米作りを最初（種まき）から最後（籾摺り）まで体験したい人、山田錦、美山錦などの酒米を自分で育ててみたい人、耕作放棄地の再生や自然農法に興味がある人、お酒が好きな人、山も海もある町が好きな人、自分たちの田んぼを舞い飛ぶホタルを眺めてみたい人、価値観の似た友達、異業種の仲間を増やしたい人など目的は違っても、数人が班になり楽しみながら作業を進めています。

全員で育てた稲は、収穫作業を経て、乾燥、脱穀し、米となります。その米を地域の酒造メーカーに持込み、酒造りを依頼します。出来た日本酒をメンバー同士で味わいながら、プロジェクトの振り返りや経験した話題に花を咲かせるのです。

こうした「参加」、「体験」、「コトづくり」が今後重要な視点となります。

マーケティング研究の世界

ここで、マーケティングの研究やそこから生み出された理論について触れます。マーケティングの権威者で、長い間様々な理論をけん引してきたフィリップ・コトラーは、近年マーケティングの移り変わりについて簡潔に指摘しています。マーケティングは、消費や経験を通じて、作り手から買い手に価値を交換する行為ですが、当然ながら時代の変化、消費志向の変化などを通じて変化し続けています。そんな中、コトラーは、３段階の変化を示しています。

コトラーのマーケティング理論とその展開

コトラーらの著書『コトラーのマーケティング３.０―ソーシャル・メディア時代の新法則―』では、産業革命後の大量生産大量消費の時代を〝マーケティング１.０〟、次に、消費満足を上げるためSTP（「Segment」セグメント、「Targeting」ターゲティング、「Positioning」ポジショニングの頭文字の略）を軸に1対1の関係を追及する〝マーケティング2.0〟と定義しています。そして、今後到来する時代への対応として、買い手の立場を尊重し、価値を共有するために作り手と買い手が協働する新たな手法を〝マーケティング3.0〟と提案しています（図表1－1）。

そこでは、価値提案の内容の変化を、「1.0」時代では機能的価値であったものが、「2.0」時代で機能的価値に直感的価値が加わり、来る「3.0」時代では機能的価値、感情的価値、精神的価値に拡大するとしています。

「モノ」から「コト」へのマーケティングの変化

マーケティング1.0の時代では、T型フォードに代表するような均質のモノが大量に作り手から買い手に届けられた時代でした。そこでは、「モノ」の品質を重要視されてい

図表1-1 マーケティング3.0への変遷

	マーケティング1.0	マーケティング2.0	マーケティング3.0
	製品中心のマーケティング	消費者志向のマーケティング	価値主導のマーケティング
目的	製品を販売すること	消費者を満足させ、つなぎ止めること	世界をよりよい場所にすること
可能にした力	産業革命	情報技術	ニューウェーブの技術
市場に対する企業の見方	物質的ニーズを持つマス購買者	マインドとハートを持つ、より洗練された消費者	マインドとハートと精神を持つ全人的存在
主なマーケティング・コンセプト	製品開発	差別化	価値
企業のマーケティング・ガイドライン	製品の説明	企業と製品のポジショニング	企業のミッション、ビジョン、価値
価値提案	機能的価値	機能的・直感的価値	機能的・感情的・精神的価値
消費者との交流	1対多数の取引	1対1の関係	多数対多数の協働

出所：フィリップ・コトラーほか 恩藏 直人（監訳）（2010）『コトラーのマーケティング3.0―ソーシャル・メディア時代の新法則―』朝日新聞出版、p.19

ました。

その後、マーケティング2.0の時代では、経済発展に伴い買い手の志向が多様化したことへの対応として、買い手の志向や属性、行動特性を元にして、買い手をいくつかのセグメントに分類し、それらマップ上にポジショニングした上で、ターゲットを定め販売に努めていました。この段階でも、「モノ」志向であることには変わりありませんでした。

しかし、人口減少と経済成長の限界から、販売する「モノ」の量が減少し

図表1-2 モノとコトのとらえ方の変化

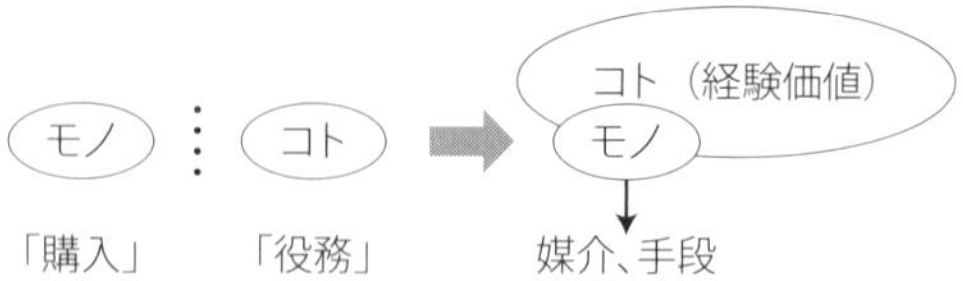

出所：筆者作成による

新たな価値を生み出す必要性に迫られていました。それが、マーケティング3．0の時代です。

そこでは、「モノ」から「コト」への価値の追加が行われているのです。「モノ」と「コト」2つの関係としては、「モノ」は何か「コト」を体験するための媒介、手段であり、「コト」を得るためには「モノ」が必要で、「モノ」がなければ、「コト」を得られないといった強い不可分関係にあります（図表1－2）。

ただ、これまでは、「モノ」が重要視されてきました。いままでも、経済活動において「モノ」中心の傾向が強いのは、納得いただけると思います。しかし、よく考えてみると「モノ」を購入するということは、その「モノ」によって、何かをする、何かを体験するということにほかなりません。

ものづくりもサービスに含まれる

図表1－2をみていただければ、お分かりになるように「モノ」は「コト」の媒介であり、手段なのです。したがって、「モノ」を作ることは、それを利活用した結果、得られる役務や体験、つまり「コト」を作り上げることに等しいのです。こうした考え方は「経済のサービス化」の大きな流れのなかで、経済が成熟してくれば、サービスのウエイトが高まってくる、その現象そのものなのです。

そんななか、2004(平成20)年にロバート・ルッシュ(アリゾナ大学教授、マーケティング)[(2)]とステファン・バーゴ(ハワイ大学教授、マーケティング)[(3)]が提起した「サービス・ドミナント・ロジック」が新たなマーケティングの視座を与えたとされてい

(2) Robert F. Lusch (http://marketing.eller.arizona.edu/faculty/rlusch.asp) 2014年8月1日
(3) Stephen L. Vargo (http://www.shidler.hawaii.edu/directory/stephen-vargo/mkt) 2014年8月1日

ます。この理論は、無形資産、価値共創などに焦点をあて、経験や教育、先入観なら形成される思考や心理、価値観など作り手から買い手に示される価値が重要であるとしました。そうした価値を創り出すのは、作り手と買い手の双方であり、相互作用を通じて価値を創造する価値共創を実施すべきだとしています。

「モノ」中心の時代は、交換が価値のポイントであったとし、次の「コト」中心の時代では、使用価値が重要としています。

使用価値は、別の言い方では、「文脈効果」とも呼ばれます。心理学で使用されることが多いですが、物事が行う前後の刺激で、刺激の知覚が変化する状況を指します。わかりやすく例を挙げると、朝食時に紙パックで牛乳を飲むのと風呂上がりにビンの牛乳を飲むのとでは、同じ牛乳でも美味しいと感じる度合いが異なります。このように、状況によって価値が変化することを文脈効果と呼びます。

文脈効果を得られるように、作り手と買い手が一緒にパートナーとして価値を創りあげます。また、その価値は「モノ」を使用することで見えない価値「コト」を得るのです

図表1-3 サービス・ドミナント・ロジック、「モノ」から「コト」中心の時代へ

	「モノ」中心の時代	「コト」中心の時代
価値のポイント	交換	使用（文脈）
価値の創造者	作り手	作り手とパートナー、買い手
価値創造には	新たな価値の追加	使用して価値を得る
使用する資源	有形な資源（グッズ）	見えない資源（スキル）
顧客の役割	消費する、使い切る	企業とともに価値を共創する

出所：井上崇通・村松潤一（2010）『サービス・ドミナント・ロジック—マーケティング研究への新たな視座』同文舘出版、p.177を参考に筆者作成

（図表1−3）。

買い手は「モノ」を通じて「コト」を経験し、自分の価値規範を作り上げる

これまで述べてきたように、「モノ」を通じた「コト」の経験を作り手は、どのように買い手に伝えるのか、実現するのかが、重要です。

買い手は、そうした「コト」の経験、体験を通じて、「心地よい「モノ」が自分にとってどれであり、それによって心地よい「コト」がどんなふうに得られるのか」といった「価値規範」、つまり価値を得るための基準を形成しています（図表1−4）。

「価値規範」によって、その後の行動が決められて、様々

図表1-4 買い手の「コト」、「モノ」サイクル

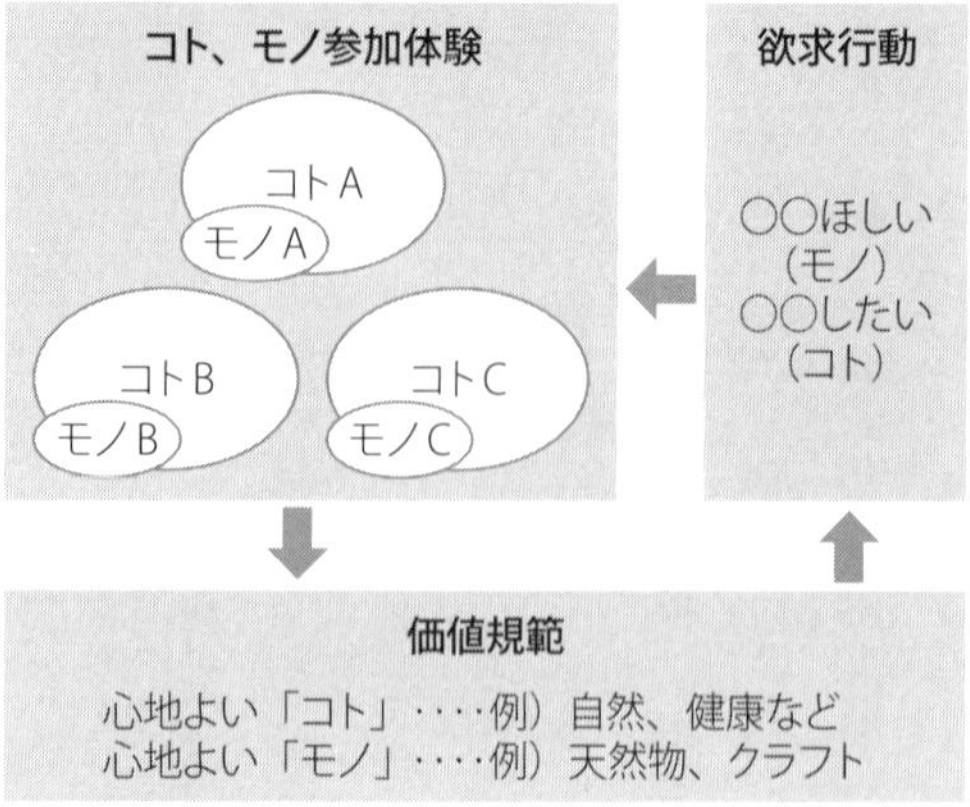

出所:筆者作成による

な欲求が沸き起こってきます。「こんなことしたい、だからこんなものがほしい」といった価値規範を基とした欲求が沸き起こってきます。

そんな欲求が次の「コト」、「モノ」の経験に結びつけるのです。そういった参加体験が買い手それぞれの固有の「コト」、「モノ」サイクルを回し、そうした中で「価値規範」を形成していくのです。

作り手は、買い手のこうしたサイクルを意識し、特に、「価値規範」をどう一緒に享受できるのか、どう共創できるのかを自社のマーケティングとして考えていく必要

があるのです。

社会貢献を組織活動の主眼に据える

さて、ここから企業や団体など組織が事業を行うにあたって、その事業と社会とのかかわりについて、考えたいと思います。

近年、「CSR」という言葉を聞かれることが多いと思います。CSRとは、corporate social responsibility の略であり、企業の社会貢献と訳されます。つまり、企業や団体は、事業を行う以外に社会貢献をすることが重要であるとした考え方です。この考え方が提示されてから今日まで、企業や団体は、社会的なイベントやキャンペーンのスポンサーとして資金支援するなどしてきました。ただ、そのCSRでの活動は、企業の本業と関わりの少ない分野で行われることが多いようでした。

CSV（Creating Shared Value）がこれから大切

世界各地での低成長時代、日本では人口減少時代による新たな時代の変革期を迎えるにあたり、企業戦略論で有名なマイケル・ポーターの著書「Creating Shared Value」（訳「共通価値の戦略」、『DIAMONDハーバード・ビジネス・レビュー　2011年6月号』）において、社会貢献活動と事業活動を同じ土俵で行動するといったCSR、Creating Shared Value、つまり「共有価値の創造」、「共通価値の創造」が重要だと指摘しています。企業や団体の事業を通じて、社会的な課題を解決することから生まれる「社会価値」と「企業価値」を両立させようとする経営の考え方です。CSVでは、2つの価値を事業で両立しようとするため、社会貢献と事業の関係がより深いものになっていることが、以前のCSRと異なる部分だといわれています。

CSV3つのアプローチ

CSVを実現するには、1.製品と市場を見直す、2.バリューチェーンの生産性を再定義する、3.企業が拠点を置く地域を支援する産業クラスターをつくるといった3つのアプローチが必要だとされています。

1つに、製品と市場を見直すとは、製品つまりモノの提供価値を再考することです。作り手は、市場＝買い手と一緒になってモノの価値を点検することが重要だと指摘されます。

2つに、バリューチェーンの生産性を再定義する、とは組織が抱える調達の仕組みや配送などのモノの動きにおいて社会に貢献できるように考え直すということです。海外からの輸入に頼っている原材料を国内産にスイッチするという経営判断もこの項目に当てはまります。

最後に、3つ目に、企業が拠点を置く地域を支援する産業クラスターをつくる、とはモノづくりやコトづくりを進めていくには、企業の活動地域においてその企業や団体が地域の一員として溶け込み、双方の企業や団体が顔の見える関係づくりを進めることで、新たな連携や得意な分野の補完、共創関係が重要であるとしています。

CSV活動の事例

CSVについては、2014年に中小企業庁が『中小企業白書』において、取り上げています。そのなかで、大企業の事例として、以下の2つが挙げられています。

キリン株式会社は組織内部にCSV本部を配置し、飲酒運転による交通事故の多発という社会問題に対して、世界初のノンアルコールビールを開発しました。また、物流における環境負担の軽減を図るために、集荷する商品をできるだけ集約するなどして、CO_2排出削減とコスト削減の両立を可能にするなど先駆的な事例とされています。

また、海外ではネスレの取組みが有名です。2007年から2年ごとに世界規模での

「共通価値の創造報告書」を発行し、ＣＳＶの考え方を積極的に実践しています。具体的には、プレミアム・コーヒー用の豆の仕入先であるアフリカや中南米の貧困地域の零細農家に対して、農法に関するアドバイスを提供し、銀行融資に対する保証をするなど栽培農家に対して密に支援することで、高品質のコーヒー豆を安定して仕入れることを可能にしました。それにより、高品質の豆には価格を上乗せして、しかも農家に直接支払うことで、栽培農家のモチベーションを高め、生産性の向上と農家の所得の増加をもたらしています。

こうした大企業でなくとも中小企業においても、ＣＳＶ活動はすでに行われていると考えられることから、企業や団体の規模に関係なく、その事業が社会的な課題を解決することから生まれる「社会価値」と「企業価値」を両立させようとするものであればＣＳＶだといえるのです。

たとえば、「葉っぱビジネス」で有名な株式会社いろどり(4)は、1986年に始まった徳島県上勝町の過疎地域におけるお年寄りが活躍できる日本料理などに添える「つまもの」を山から採集して、料理店などの需要先へ届けるビジネスを経営しています。農家の所得が向上したこと、生きがい・やりがいが高まり元気なお年寄りが増えたこと、若者の定住者が増えたことなど、企業活動が新たな地域活性化策につながるといった、事業価値と社会貢献価値が双方実現しているわかりやすい事例です。

このように、企業や団体の事業は、CSVを加味した内容に当初から考える場合もあれば、その途中から変更する場合もあるなど、様々なアプローチでCSV実現へと向かうことが望まれます。なぜなら、企業や団体の事業はただ利益を上げるだけではなく、社会貢献価値を実現することで、社会に役立つといった評価が得られ、それが買い手の要求を集めることに結びつきます。これにより事業の社会的な使命感が高まり、人々の期待が高ま

(4) http://www.irodori.co.jp/

図表1-5　企業価値と社会貢献価値を事業に盛り込む

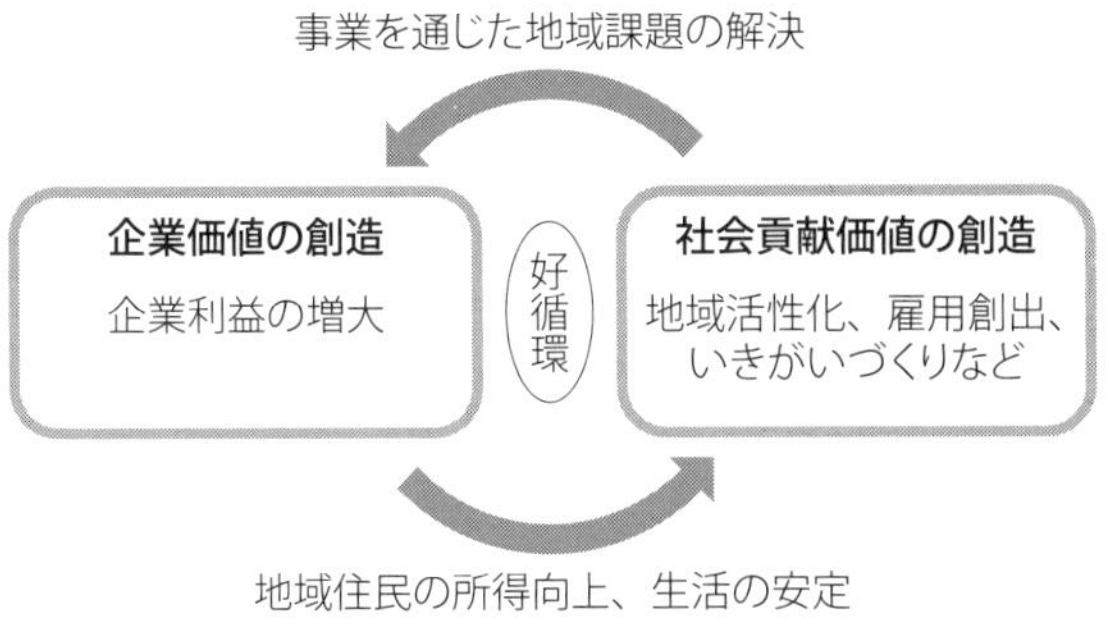

出所：中小企業庁（2014）『中小企業白書』p.448をもとに筆者作成

る企業や団体になるのです（図表1－5）。

このように社会貢献価値を事業内容に盛り込むことが必要とされています。

以降の章では、作り手と買い手が綿花栽培を通じて、参加体験し、共創、社会貢献価値の実現に向けた動きが広がりつつある状況をとらえ、「なぜ日本各地で綿花栽培が復活し、作り手と買い手が一緒に作業を行い、モノづくりやコトづくりを行うのか」といった現実に行われている事象についてのその深い理由や時代背景について、考えたいと思います。

それではまず、大きな社会現象である人口減少社会の到来とマーケティングの変革について、みてみましょう。

第2章

人口減少社会が経済環境と価値規範を変化させる

図表2-1 総人口の推移

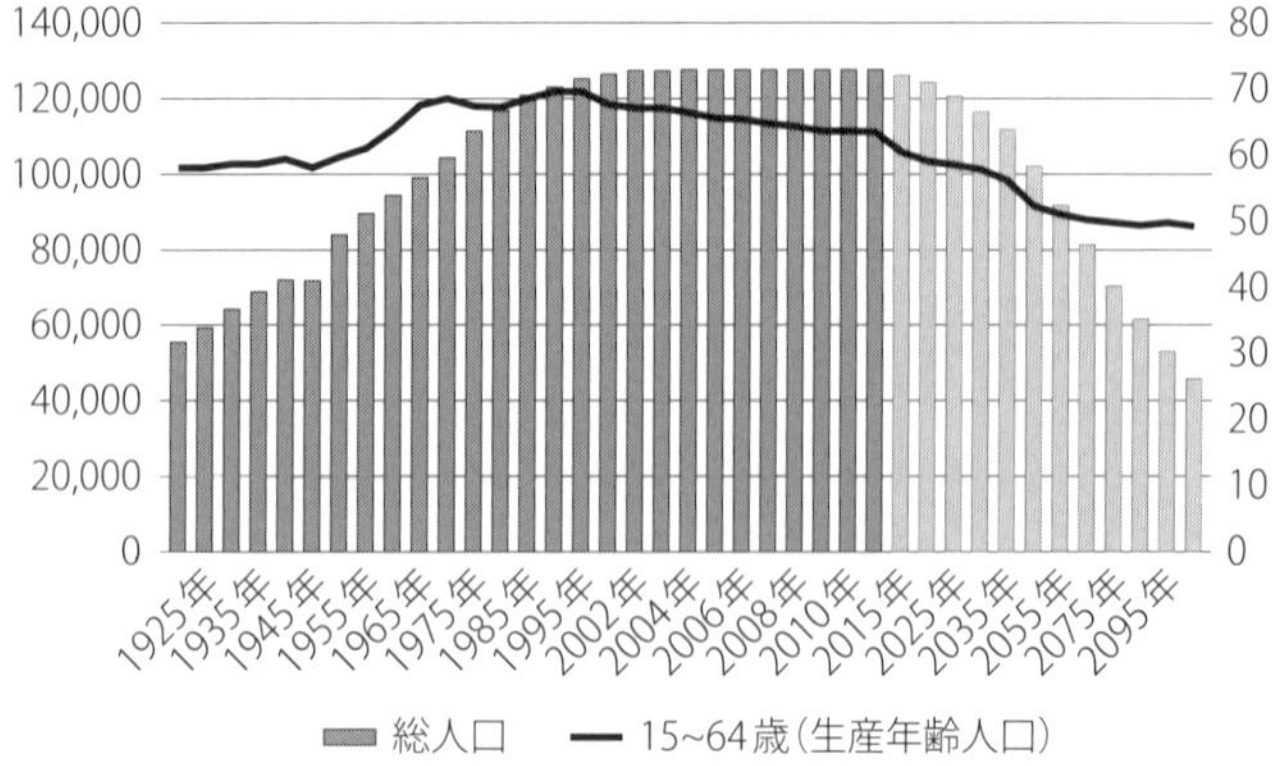

＊ピークは、2008年の1億2千805万7千人。点線は推定値。
出所：総務省統計局『日本の統計2013』

到来する人口減少社会

みなさんはご存じでしょうか、すでに人口減少が始まっていることを。２００８年をピークに人口は減少し始めています。政府の人口推計によれば、２０００年代まで増加してきた人口は図表２－１にみるように、２００８年１億２，８０８万人で頭打ちとなり、減少局面に至っています。

さらに詳しくみると、図表２－２に示すように１９２０（昭和１０）年の５，５９６万人から増加の一途をたどり、１９７０（昭和４５）年に１億人を突破しました。さらに人

図表2-2　人口推移

（単位：千人）

人口増加局面

年	1920年	1925年	1930年	1935年	1940年	1945年
総人口	55,963	59,737	64,450	69,254	71,933	72,147

年	1950年	1955年	1960年	1965年	1970年	1975年
総人口	84,115	90,077	94,302	99,209	104,665	111,940

年	1980年	1985年	1990年	1995年	2000年	2002年
総人口	117,060	121,049	123,611	125,570	126,926	127,486

年	2003年	2004年	2005年	2006年	2007年	2008年（ピーク）
総人口	127,694	127,787	127,768	127,901	128,033	128,084

人口減少局面

年	2009年	2010年	2011年
総人口	128,032	128,057	127,799

年	*2015年*	*2020年*	*2025年*	*2030年*	*2035年*	*2045年*
総人口	*126,597*	*124,100*	*120,659*	*116,618*	*112,124*	*102,210*

年	*2055年*	*2065年*	*2075年*	*2085年*	*2095年*	*2100年*
総人口	*91,933*	*81,355*	*70,689*	*61,434*	*53,322*	*46,098*

人口が1億人を下回る

実績値

斜字：推定値

出所：総務省統計局『日本の統計2013』

口は増加し、2008（平成20）年に1億2,805万人とピークを迎えました。その後、2009年1億2,803万人（2008年比で5万人減少）、2011年1億2,779万人（同比29万人減少）と減少が始まりました。

やがて、2030年には1億1,661万人、それ以降減少幅が大きくなり、2055年には人口が1億人を下回ります。2008年のピークからみれば、2,800万人の減少となります。それ以後、人々の暮らしなどに大きな変化がない限り減少傾向は続き、増加することは考えにくいでしょう。つまり、人口は毎年大幅に減少し続けるのです。

人口減少は100年以上経験がない

ここで重要なのは、人口が減少することについて、今を生きている日本人では誰一人としてそんな社会を経験したことがないことでしょう。

この2009年から始まる人口減少の前の機会といえば、江戸時代までさかのぼりま

図表2-3　人口の推移

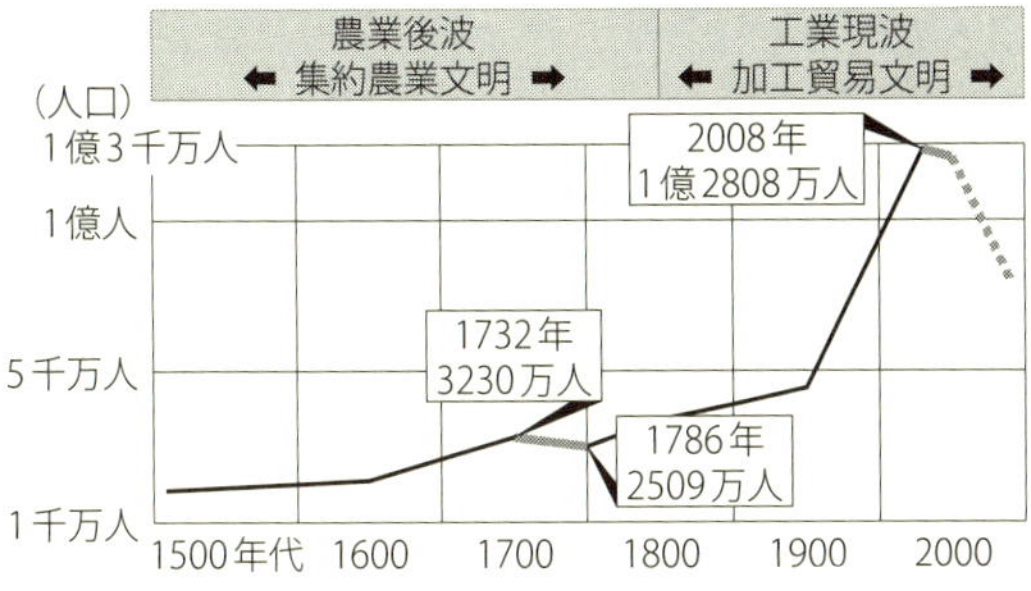

出所：古田隆彦（2003b）より一部抜粋

す。1700年の後半、ちょうど享保（1716－1734年）から寛政期（1789－1800年）にいたる江戸中期の人口は1732年の3,230万人をピークに、1790年頃まで60年に渡って減り続けます（古田（2003））。

図表2－3によれば、1786年2,509万人で下げ止まり、再度上げ下げが起こっていたとされるようです。

江戸中期、人口減少期の出来事

その人口減少の前後に何があったのか、図表2－4では江戸時代中期の主な出来事の年表に示しました。

図表2-4 江戸時代の中期主な出来事

1733（享保18）年	江戸に打ち壊しが起こる（米一揆）
1760（宝暦10）	徳川家治が第10代の将軍となる（在位期間1786年まで）
1767（明和4）	田沼意次が側用人となる
1774（安永3）	杉田玄白「解体新書」ができる
1782（天明2）	天明の大飢饉（1787年まで）
1787（〃7）	寛政の改革が始まる（11代将軍に徳川家斉～1837年まで） 江戸・大阪など各地で打ち壊しがおきる

出所：各種資料を元に筆者作成による

1782（天明2）年から1788（天明8）年にかけて発生した飢饉は「天明の飢饉」と呼ばれ、江戸時代最大のものになりました。原因は、外国火山の噴火などによる日照不足で、冷害（それによるコメの不作とされる）や天候不良が発生し、病気が蔓延していたようです。

花開く江戸中期の豊かな文化興隆

しかしながら、その時期は悲観的な世の中であったかといえば、まったくそれに値しないようです。むしろ、町民文化が咲き誇り豊かな時代であったようです。蘭学などの学問や文芸が栄え、歌舞伎、浮世絵、戯作などの町民文化が勃興し、米作りに変わる手工業が各藩で発達し、商品経済が急速に浸透しました。

人口減少が社会にもたらすこと

では現代ではどうでしょうか。２００９年から人口は減少局面に入っています。この人口動態の現象について、注意深く変化を気にしないとわかりにくいものです。それほどに大きな変化は感じないはずです。しかし、１０年、２０年の周期でいえば、人口の減少が我々の暮らしに大きな変化をもたらします。

たとえば、人口が減少すると、これまで建築されてきた住居は整理しなければならなくなります。空き家だらけでは、防犯面、地域発展面などあらゆる面から都合が悪いでしょう。現在でも、地方に足を運び、主要道路から一本入れば、そこには空き家が軒を連ねる光景があります。

現在でさえも、空き家にあふれる過疎化の地域は、建物などの構築物、人のつながり、ネットワークにおいて、再構築を迫られています。

ニュータウンと呼ばれ、1950・60年代の高度経済期に建築された大規模人工都市では、その再構築が地域最大の課題となっています。都市のスプロール化（肥大）によって拡大したガス管、水道管などインフラについても、人口減少によって過疎化が始まればインフラ整備及び維持点検に関して行政は莫大なコスト負担を迫られます。

また、衣服などの消費財でいえば、確実に販売数量が減少します。衣服、食品、雑貨など人々が暮らすのに必要なものの消費量が減少していきます。そのため、それらメーカーは売上高の減少が避けて通れません。新たな儲けを得るビジネスを考え出す必要があるでしょう。そのためには、これまで構築してきたビジネスシステム（利益を確保し、社会貢献する仕組み）を見直す必要がでてきます。

これら例に示すように、人口減少社会を迎えて、いろいろな事象に再構築（リストラクチャリング）を迫られます。

「モノ」よりも大事な「コト」、「考え」に強い影響

これまで高度経済成長期を支えてきた「拡大」、「成長」、「発展」といった力強く前向きな言葉とは裏腹に、「縮小」、「維持」、「見直し」、「再構築」といった真逆の考え方をそれぞれの局面で採り入れるようにする必要がでてきます。

こうした考え方はともすれば、ネガティブな思考にとらえられがちですが、今後到来する社会、企業環境を考える上では、真に受け止めて議論すべき必要があるはずです。

長く続いた山登りの意識

先に示した「拡大」、「成長」、「発展」、また、逆の「縮小」、「維持」、「見直し」、「再構築」の意味を山登りに例えてみましょう。

高度経済成長期は、世界の中で成長を第一義に、「追い越せ追い抜け」といった競争主

義的に経済発展を志向し、その時代の人々はがむしゃらに働いてきました。その頃の人々の意識は山登りの感覚そのものです。山頂が近づいてくるのを楽しみにしながら、麓から山頂目指して険しい道のりを登ります。それが成長であり、それによって大きな満足感が得られるのです。山頂へのルートはたくさんあっても、山頂は一つであり、そこに人々の意識は集中します。

「あの山に登りたい」（＊あの山を下りたいとは、あまりいいませんね）

「下り」の方がいろいろな目的、価値を考える思考の幅が大きい

しかし、山頂に到達すると頂に到達した達成感に浸ると同時に、どう下るのかを考えなければなりません。下りにはどのルートをたどるのか、例えば、最短ルート、回り道でも安全なルート、寄り道ルートなど山頂を目指した登りのルートに比べてはるかに多種多様

図表2-5　登りと下り

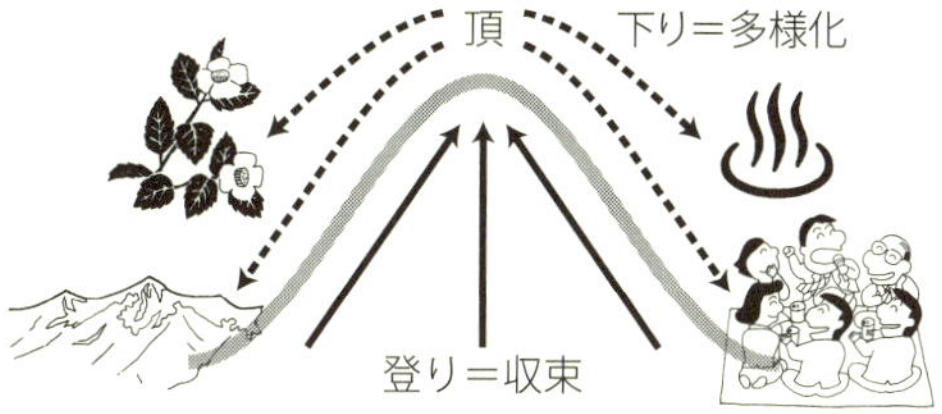

出所：筆者作成による

なルートを思い描くのです。

多種多様なルートを志向するということは、価値や思考選択の幅が広がっていることにつながります。下りの方が、登りよりも頂を超えたという満足感から、人の個性や価値が最優先され、プランニングされるのです。例えば、高山植物を探す人、絶景に酔いしれる人、麓の温泉へ直行する人、宴会に向かう人など様々な価値観が人の数だけ広がります（図表2－5）。

五木寛之氏は、著書『下山の思想』で、「登って、下りる。両方とも登山であり、山は下りてこそ、次の山頂をめざすことができる」と主張します。下山途中の様々な風景（遠くの海、町の遠景、岩陰の花）を眺める心の余裕をもち、迎える下山は、さっき登頂した満足感と次にどこの山に登ろうかといった希望から最高に幸せでしょう。下りは登り以上に選択肢が多く、多様性に富んでいます。五木氏の考え方は人口減少の時代背景とともに、東日本大震災で生き方の再構築を迫られた人々への新たなライフスタイル、価値形成の方向性を示し多くの人に共感されました。

価値のダイバーシフィケーション

こうした山登りと下りの意識の違いが、人口減少社会の人口の増加と減少局面においても同様に起こると考えます。つまり、人口減少社会においては、かつて高度経済成長時のような、だれもが山頂を目指すようなモノラル的なものとは異なってきます。人によって、どう下りを楽しむのか、ステレオ的をさらに超えた、「価値のダイバーシフィケーション（diversification）＝多様化」がさらに進展するのです。

図表2-6 安さだけで買う時代ではなくなっている

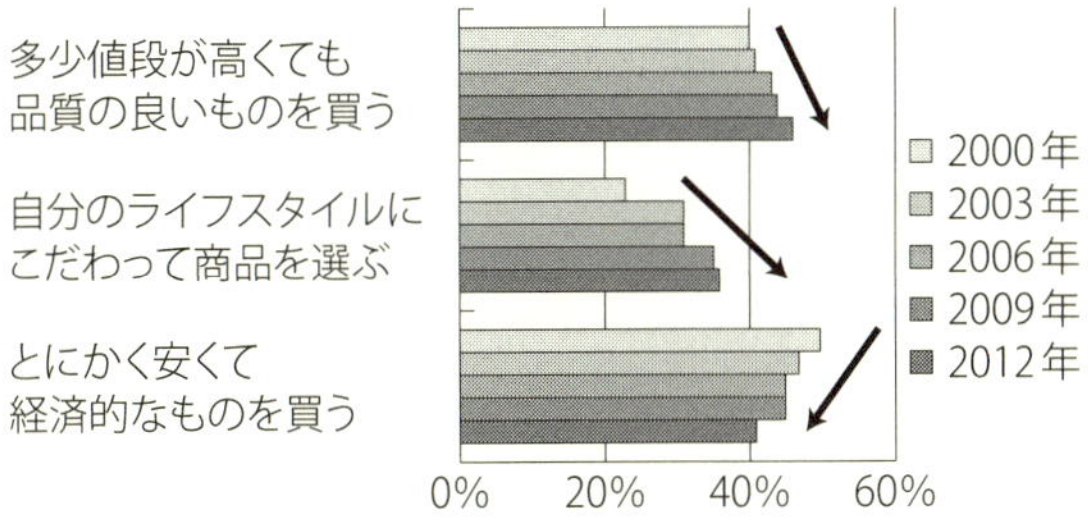

出所：野村総合研究所（2013）『なぜ、日本人はモノを買わないのか？』東洋経済新報社、野村総合研究所『生活者１万人アンケート調査』

価値の多様化は購買行動に変化をもたらす

これから、人々の価値観が大きく変化します。山登りから下りへ、さらにどう楽しむか人々はこれまで以上に多様な価値観を持ち出します。現在もその端緒が以下の事例からみられます。

野村総合研究所の調査（図表２－６）によると、「とにかく安くて経済的なものを買う」という志向は、減少傾向にあるようです。「安かろう、悪かろう」とは逆に、「多少値段が高くても、品質の良いものを買う」という考え、適正な価格を払ってもよいとする志向がみられます。また、「自分のライフスタイルにこだわって商品を選ぶ」という、こだわりの強い購買行動が主流になりつつあるといえます。そうした動きが始まり、人口減少が進めば価値の多様化がさらに進むはずです。

多品種少量へさらに加速化

これまで高度経済成長期では人々は一斉によく似た価値形成をし、購買活動を行っていました。そのため、販売される商品は、「流行り廃り」が激しく、人々は一斉に特定の商品に群がり購買し、すぐに飽きていました。そうした場合、商品を供給する企業、例えば衣服メーカーは流行の型を数点、大量に発注し売り場へ届けることで売上を獲得できました。そうしたモノラルな購買行動が主流であった時代は長く続いてきました。日本では特に、「一億総中流階級」といわれるように、得てして価値形成はモノラル化していました。

しかし、人口が減少してくれれば、これまでの価値形成とは異なる傾向が強くなります。「ひとそれぞれ」といった言葉がわかりやすいですね。そのため、企業は数多くのバリエーションの商品を品揃えし、多品種少量のものづくりが必須となっています。すでに、その企業事例がみられます。大手衣料品チェーンのしまむらの商品構成は、多品種少量によって成り立っています。

ユーザーの多彩なニーズに応える

アパレルチェーンで有名な株式会社しまむらは、バイヤーからの完全買い取りによる仕入れによって、品切れになっても追加仕入れしません。これによって、買い手は店に足を運べば、いつも異なる商品を手に取ることができるため、選択の楽しみがある一方で、これを逃すと同じ商品は手に入れにくいので、買っておこうといった気持も強まります。一店当たりの品種は4万以上を超えるほど商品点数が多いようです。

このように、価値が多様化すれば、こうした多品種少量のものづくりが衣服などの消費財にとどまらず、例えば、自動車やバイクなどといった分野にまで広がってきます。

近年、メーカーは、外観や内装、装着部品などオプション選択において買い手それぞれのニーズに的確にこたえられるように商品構成を揃えつつあります。

究極のカスタム対応のユア・リーボック

特に、目を見張るのはリーボックがＷｅｂサイトで展開しているYourReebok（ユア・リーボック）「あなただけのオーダーメイドシューズ」[(1)]です（図表2－7）。その利用方法は、まずシューズのタイプを選択すれば、靴のパーツ（例えば、ソール、トゥー、ヒールカウンター、ベース生地など5点以上）の色、濃さ、模様などをこれまで類似がないくらい自由に選択することができます。これにより、非常にカラフルな自分だけのシューズを作成することができるのです。特徴は、店頭でパターンマッチングするのではなく、Ｗ

(1) リーボックYourReebok（ユア・リーボック）あなただけのオーダーメイドシューズ http://shop.reebokjapan.com/yourreebok/

図表2-7　ユアー・リーボック　注文イメージ

STEP 1：Choose
自分の好きなシューズモデルを選びます。
STEP 2：Create
好きな素材を選び、各パーツを色づけしていきます。
STEP 3：Personalize
YOUR
自分の名前や好きな言葉を刺繍できます。
ABC

出所：同社Webサイト

ebサイト上で行うために、色の組合せなど出来上がりイメージをその場でみることが可能です。それにより、ほぼ制約条件なしに、自分好みのシューズを設計することができます。

アメリカで2010年にスタートしたこのサービスは、のべ280万人が利用した人気サービスとなっているようです。素材やカラーバリエーションで10,000通り以上の組み合わせが可能で、他の人と同じシューズは嫌だ、自分だけのシューズを履きたいというニーズに応えています。

外装を変えることでカスタマイズの範囲を広げたダイハツ「コペン」

2014年、ダイハツ工業株式会社から自動車業界の新たな価値を提供し、今後個人ユースに応えるカスタマイズが可能な新型「コペン」(https://copen.jp/)がリリースされました。

これまでの自動車の設計は、衝突安全性など自動車の規制をクリアするために、外装広範もボディの一部として、硬性や衝撃吸収性を高める部品でした。そのため、その多くは一車種のボディから外装は一種類しかできず、個人が好きなカスタマイズにもアフターパーツといったボディの一部分を変えることに制限されていました。

ところが、新型「コペン」では剛性を大幅に高めた新骨格構造「D-Frame」と呼ばれるものを採用することで、樹脂外板を着せ替えることが可能となったのです。これをダイハツは「DRESS-FORMATION」と呼びます。

ドアを除くほぼ全ての外板が樹脂製で、13個の樹脂外板のうち、電動開閉式ルーフに関連するルーフとバックパネルを除く11個（フロントフード、ラゲージ、フロント／リヤバンパー、フロント／リヤフェンダー、ロッカー、フューエルリッド）の着せ替えが可能です。

また、低迷する自動車販売、特に売れにくいスポーツカーを国内で販売するために、様々なニーズへの対応が工夫されています。

1つに、注文者に工場での生産状況を見学してもらい、自分が納品される車の出来上がり状況を見学し、ものづくりを体験してもらうオーナー向けサービスを実施しています。ダイハツ工業の大阪池田市の本社工場に、コペンファクトリーを設置し、オーナーを招くようです。

2つは、外装板の設計データがオーナーに提供されることです。3次元CADツールなどを使えば、この設計データを基に自身の好みの樹脂外板を設計することもできる。3Dプリンタの登場によって3次元CADツールの利用者数が急速に増加していることへの対応も俊敏です。

図表2-8 新型「コペン」取り外し可能な樹脂外装

出所：ダイハツ工業株式会社「コペン」特別サイト

２０１４年６月に発売以来、自動車スポーツカー冬の時代といわれていますが、新型「コペン」は発売後１カ月で４，０００台を受注、若い世代からも好評だそうです。

ここで採用された開発・販売の事例は、価値の多様化に向けた自動車業界の新たな動きとして注目されています。

売上高は単価×数量である

２つの事例でみたように、多様なニーズに応えられるように多品種少量のものづくりが必要になる中で、作り手は商品価値の向上、新たな価値の提案が求められます。従来品とは異なる価値を付加することで、現在以上に商品価値を増加させるのです。

こうした商品価値を増加させる理由は、購買単価のアップが最重要目標となっているからです。人口減少社会で販売数量が落ち込むといわれています。そうした状況においても、企業は業績を維持させることが必要です。売上高は、「単価×数量」で算出され、数量が減少しても、売上高を維持するためには、単価の上昇が必要となります。

商品単価を上昇させるには、商品の価値を顧客が望むものに適合させることは当然のことですが、加えて、新たな価値を付加することで単価の上昇につなげていくことが必要です。そのためには、ものづくりの過程を明らかにし、商品に愛着をもってもらうような仕掛けが必要なのです。

図表2-9　人口増加と人口減少社会における対比

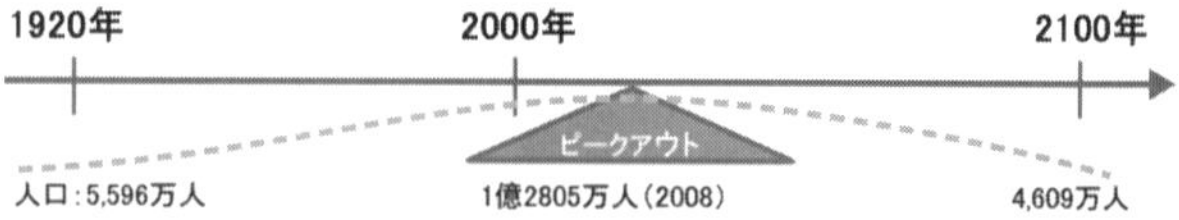

増加 人口増加がメリットの時代	人口推移	減少 人口減少時代へ（人口オーナス）
成長・発展局面	ライフサイクル論	成熟・維持充実局面
山の頂を目指す、山登りの行動	世の中の思考	山を下る、下山の行動
少品種多量	購買傾向	多品種少量
短期間	商品の賞味期限	長期化　ロングテール
モノ志向、スペック志向	購買の力点	コト志向、ストーリー化
作り手、メーカー価値志向	価値の力点	購買者、ユーザー価値志向

出所：筆者作成による

人口減少時代の前後を比べると

ここまで触れてきた人口減少の予測、それに伴う動きをまとめます。

図表２－９に示すように、２００８年のピークを境目にそれまでの人口増加時代と人口減少時代を比較しました。ライフサイクル論の観点から捉えれば、増加時代は、「成長・発展局面」ですが、減少時代は「成熟・維持充実局面」だといえます。世の中の思考は、「山の頂を目指す、山登りの行動」から、「山を下る、下山の行動」へと変化していくのです。

また、購買傾向は、「少品種多量」から、「多品種少量」へと限りなく近づきます。現代においても多品種少量の購買状況といわれますが、その傾向はさらに強まるはずです。そうなった場合、商品の賞味期限は長期化し、「ロングテール」の傾向が強まってきます。その場合、価値の力点は、「作り手、メーカー価値志向」から、買い手がひっぱる「買い手、ユーザー価値志向」へと変化します。そうなれば、購買の力点として「モノ志向、スペック志向」から、「コト志向、ストーリー化」に移ってくるのです。つまり、買い手の価値を得るための基準、「価値規範」が変化していくのです。

作り手である個人や企業者は、こうした変化が起こることを意識し、それへの対応を迫られるはずです。

第3章

広がる綿花栽培と製品づくり

環境を意識した生き方から発する価値観

近年、「地産地消」、「スローライフ」、「ロハス」といった言葉に出会います。こうした考え方や動きは、地域に根付いた人々の暮らしを題材とした生き方や暮らし方、ものの選択の仕方について、今後どうしていくのがよいのかといった問いかけではないのでしょうか。

その動きは、40歳代以上の女性に顕著であり、積極的に情報を収集し、自らの価値観に取り込もうとしています。

こうした女性は、クラフト志向が強く、身の回りのモノを作ることで、満足感や幸福感を得ようとしています。また、身近にモノを感じ、それを通してできるコト、それを作り上げるストーリーを知ることで豊かな暮らしや生き方をしているようです。

こうした動きを捉えて、我々の暮らしを再考し、ものづくりの原点を知ろうとする活動が活発化しています。たとえば、先に示した「僕らの酒」も同様のものと考えます。地域の人や農家と都市の人々が交流しながら、食物の栽培や工作を通して、お互いに価値をはぐくみ、満足感を得るものです。

一緒に何かをつくって、楽しむ。本書で掲げるこの姿勢は顧客との関係を作り上げるために、重要な視点です。こうした動きの一つとして、繊維関連企業が顧客とともに綿花栽培を行い、一緒になって商品を作り上げる活動に注目が集まっています。

国内で綿花栽培なんて、聞いたことがないといわれる方も多いと思いますが、この10年ぐらいでそうした取組みを行う企業や団体が増え、東日本大震災以降は急激に増加しています。これら活動について新たなマーケティングの手法として学ぶことが多いように思います。

では、綿花栽培とそれを原料としたものづくりのマーケティング手法は、どういった状況なのか、追いかけてみましょう。

広がる全国での綿花栽培

全国各地で綿花栽培が広がりつつあります。国内で衣料に使用される繊維原料としての綿花栽培は、すでに日本国内で途絶えてしまっていると思われている方が多いはずです。しかし、こうしている間も、繊維や雑貨の原料に使用するためや、人々の交流、生きがいづくりなど、様々な目的のため全国で着々と綿花が栽培されています。

さて、全国で綿花栽培を行う個人や事業者が一堂に会して、発表、語らいを行う「全国コットンサミット」という活動があるのをご存知でしょうか?

２０１０年ごろから岸和田の綿花栽培者が全国の綿花栽培者に声をかけて、情報交換と交流を行う目的に始められたサミットです。サミットでは、２０１２年から綿花栽培の実態を明らかにすべく、アンケート調査を行っています。

２０１１年全国の綿花栽培に関する調査を実施

２０１１年（2月）、２０１２年（3月）に綿花栽培を行う企業や団体、個人の方々に向けて、全国コットンサミット実行委員会は「綿花栽培及び国産木綿の製品化等に関するアンケート」を実施しました。

２０１１年は初めての試みであり、全国にどんな団体や個人の方々が綿花栽培を行っているのか、そのアンケート送付先について手だてがなかったので、財団法人日本綿業振興会がWebサイトで公開している栽培団体一覧を基礎資料に送付しました。それに加えて、実行委員会の代表である近藤健一氏（大正紡績株式会社）が有する情報を名簿に加え、調査対象をピックアップしました。

その結果、２０１１年調査では、送付数６３、回答数３４（回収率５４．０％）、２０１２年調査では送付数８０、回答数２２（回収率２７．５％）の送付回収状況をもって調査結果をまとめることができました。本稿では２０１２年調査をもとにデータのとりまとめ

図表3-1　栽培実態

	2012年調査			
	綿花栽培及び国産木綿の製品化等に関するアンケート			
調査数	（送付数）80通、 （回答数）22通、 （回答率）27.5%			
「現在、栽培している」と答えた者	16			
作付面積	2011年度作付実績		2012年度作付予定	
	・100㎡未満	2件	・100㎡未満	1件
	・100~500㎡未満	2件	・100~500㎡未満	3件
	・500~1,000㎡未満	3件	・500~1,000㎡未満	3件
	・1,000㎡以上	8件	・1,000㎡以上	9件
	・10,000㎡以上	1件	・10,000㎡以上	2件
	作付面積合計約45,948㎡（除く「東北コットンプロジェクト」、1.5ha）* 参照：総合計面積 約61,000㎡（6ha）		作付面積合計68,499㎡（除く「東北コットンプロジェクト」、5.5ha）* 参照：総合計面積 123,499㎡（12.3ha）	
上位の作付面積栽培者	㈶境港市農業公社 26,000㎡ 大和高田商工会議所 19,800㎡ ㈱ジェイギフト4,950㎡ ㈲サムライ4,700㎡		左にほぼ同様。	
作付地域	北海道1東北0中部1関東2関西7四国2中国3、計16		北海道1東北0中部0関東2関西10四国2中国3、計18	

＊作付面積：2012年調査は2011年の作付実績を示します。また、東北コットンプロジェクトについては、アンケートの回答を得られていないが、作付面積情報が広報されているのでそれを参照しました。

出所：全国コットンサミット実行委員会（2012）「綿花栽培及び国産木綿の製品化等に関するアンケート」

図表3-2　栽培を始めた（する）時期

戦後～昭和年代	5件
平成9年～平成19年	11件
平成20年～平成22年	5件

出所：全国コットンサミット実行委員会（2012）「同上」

を行いました。

２０１１年に栽培実績があるとの回答を、１６件集めることができました。さらに、回答者の栽培面積の合計は約４６,０００㎡にも達します。

平成になってから栽培を始めた件数が多い

栽培し始めた時期については、「戦後から昭和年代」とする回答が5件あり、それらの団体等は綿花栽培最盛期であった戦前から、継続的に栽培がされている地域と思われます。おそらく、絣や紬を作るための和綿栽培です（図表３－２）。

最も回答が多かったのが、「平成9年～19年」とする回答であり、その時代に何らかの理由によって、綿花栽培が盛んになったものと考えられます。こうした栽培が盛んになった背景として、大阪府岸和田市域で早くから栽培などに取り組んできた「きしわたの会」(平成23年に解散)事務局を担ってきた木村元廣氏は、以下のように説明します。

「きしわたの会で栽培を始めた平成元年当時において、他にも多くの地域で栽培が始まったことは報道や口コミ情報で聞いていました。なぜ、栽培が盛んになったのかという理由について、私が考えるには、景気局面が影響すると思います。これまで幾度となく、綿花栽培が盛んになった時期を考えると、それら時期はいずれも景気後退局面と重なります。

つまり、景気が悪くなれば、人々が閉塞感などを感じはじめます。それと同時に、新たな価値観を模索し始めます、特に、地域回帰、地域再生、自然回帰的な思考が強まるのではないでしょうか。その結果、綿花を栽培し、土壌、植物に親しむ行動に感化され、広がりをもつのだと思います」

図表3-3　栽培綿花の種類（複数回答）

和綿	14件
米綿	9件
その他（アジア綿・陸地綿・洋綿・他、外来種）	各1件
不明	1件

出所：全国コットンサミット実行委員会（2012）「同上」

圧倒的に多い和綿栽培

栽培する綿花の種類については、和綿を栽培しているとの回答が圧倒的に多いようです（図表３－３）。和綿は絣産地などにおいて伝統産業の織物の灯を消さないように、近隣農家が和綿栽培を支援するなどしています。また、かつて「棉」作地域として有名な大阪河内地方（現在の八尾市地域）では、河内木綿の系統保存のためにも八尾市立歴史民俗資料館(1)のグループや学芸員等が栽培を担うなどといった、全国各地の絣や紬の産地でみられます。

(1)　公益財団法人八尾市文化財調査研究会（大阪府八尾市幸町四丁目５８－２）

図表3-4　栽培動機（複数回答）

和綿在来種の保存と伝承、綿織物技術の継承・復元、産地の活性化等	10件
研究、学習の一環として	4件
雇用創出、休耕地の活用	4件
その他 ・新たな創造の出来る可能性を見つけたから ・安全安心の国産オーガニックの開発に取り組み、差別化を図る ・日本で栽培された和綿かつオーガニックコットンでTシャツを作ってみたいという夢から	

出所：全国コットンサミット実行委員会（2012）「同上」

種の保存のために栽培を継続

栽培動機については、「綿在来種の保存と伝承、綿織物技術の継承・復元、産地の活性化等」とする回答が多く、多くの回答者がかつての綿作地としての文化・伝統を絶やさないように栽培を継続しています（図表3－4）。

品種保存と伝承や産地の活性を目指す

国産の綿花、その製品化についての回答は、「すでに製品化を実施している」が7件、「製品化を検討している」が9件にも及び、栽培綿花を製品する動きが高まっ

図表3-5　国産綿の製品化（複数回答）

すでに製品化を実施している	7件
製品化を検討している	9件
製品化する考えはない	8件
その他 ・和綿製品の製品化についての支援を行っている ・現在、製品化予定はないが、未来を考えると国産糸の必要性は感じている	2件

出所：全国コットンサミット実行委員会（2012）「同上」

ていることが伺えます（図表3－5）。

製品用途として多いのは衣服

製品化の用途については、衣服関連（下着、ベビー用品、靴下各種、Tシャツ、ストール、マフラーなど）とする回答が最も多く、次いで、綿糸（綿糸：手芸用、ガラ紡織）や布地（デニム地、メリヤス生地など）といった繊維資材としての利用がみられます（図表3－6）。

製品化する上で困難なこと

このように製品化へ向けた取組みが各地で行われています

図表3-6　製品化の用途（複数回答）

衣服関連	13件	・下着（赤ちゃん用他） ・ベビー用・靴下各種 ・Tシャツ・ストール ・マフラー ・外国人向け、若者向けの衣類等
糸や布地	12件	・綿糸（手芸用、ガラ紡織、伯州綿、ハイゲージ糸） ・生地（デニム地、横メリヤス生地、反物等） ・タオル、介護シーツ
手芸品や各種小物（雑貨）類	6件	・手芸部材 ・アクセサリー雑貨（シュシュ、藍染のアクセサリー等）
綿のリースや切り花	2件	・X'mas用綿花の花束
その他	6件	・ベビー布団などのベビー用品 ・民芸、工芸品 ・綿毛布・綿種油 ・河内木綿文様をいかした製品を多数

出所：全国コットンサミット実行委員会（2012）「同上」

が、取組みを遂行する上での困難な点について聞いたところ、「綿繰り（種の除去）に苦労している」が最も多く、次いで、「製糸（紡績）作業が困難」、「栽培をする場所（畑等）の確保が困難」、「事業資金が不足している」などの回答でした（図表3－7）。

図表3-7 製品化する上での困難（複数回答）

（回答数の多い順に並べ替え）

順番	選択肢項目	件数
1	綿繰り（種の除去）に苦労している	13
2	製糸（紡績）作業が困難	11
3	綿花栽培をする場所（畑等）の確保が困難	9
4	事業資金が不足している	8
5	織布等の設備や技術の確保が困難	7
6	販路の確保・開拓が困難	6
7	技術者の確保・養成に苦慮している	5
8	パッケージング等に苦慮している	3
9	デザイン開発に苦慮している	2
10	オリジナル製品の開発に苦慮している	2
11	染色等が困難	1
	その他	4

その他の自由回答欄の回答一覧

・人手と手間が掛かる（除草作業、水やり等の畑の管理、製糸作業等） ・紡績会社等の支援が必要 ・製品化にするにしても（上記の理由で）コストが掛かりすぎる、値段が高くなる
・収穫量が不安定なので、その後の展開の計画が困難
・元々、国産（和綿）であったものを復活させるのは非常に素晴らしいことです。工業的に栽培された綿の収穫・輸送、綿の品質の確保、コストなどクリアすべき課題が多いと思うが、是非頑張って欲しい
・販路が全く見えない
・補助金により和綿の栽培、紡績、商品化に取り組んでいるが、資金面の課題をもつ

出所：全国コットンサミット実行委員会（2012）「同上」

●綿繰りとは

綿の木にできた綿の実（コットンボール）から、種を除去する作業を指します。綿の種は、繊維に覆われており、手作業で種と繊維を分離するなら、コットンボール数個で手が痛くなります。実際には、綿繰り機で種と綿を分離する方法に依らなければなりません。日本では古くは木製の「綿繰り機」を民具として農家が保有していました。

現代では綿花を栽培する農家がなくなり、綿繰り機を保有しなくなりました。ただ、各地の産地で栽培されている農家等の綿繰りに応えるため、また、綿繰りや紡糸を学ぶ者の要望に応じて、京都の稲垣機料株式会社(2)が綿繰り機を今でも製品化し、販売しています。

(2) 同社は、京都市上京区五辻通七本松西入東柳町に所在する

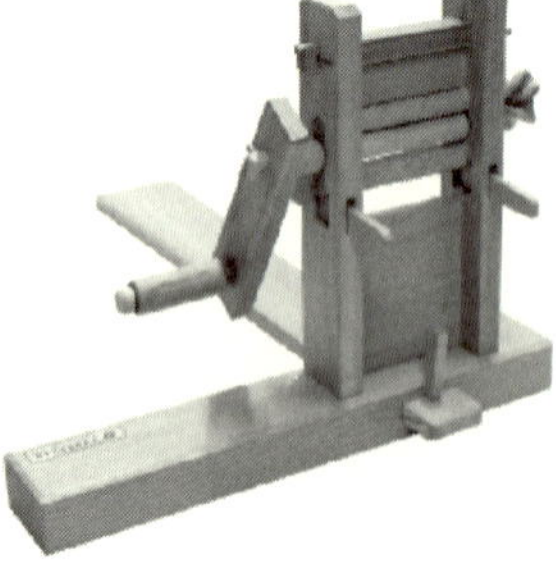

出所：稲垣機料株式会社Webサイト

以上のように、綿花栽培の実態をアンケート調査によって明らかにしようとした本調査データは、他に類をみない貴重なものです（なぜなら、農林水産省の調査において、綿花は調査対象ではないため）。

国内での綿花栽培は途絶えたのか

歴史上は、１８９６（明治２９）年の綿花輸入関税撤廃により、国内における綿花栽培が急速に消滅したとされています。かつて農家は、布団綿や繊維原料として換金できる作物として綿花をたくさん植えていました（後章、参照）。しかしながら、政府は紡績業の近代化を図るために、原料となる綿花も紡績しやすい洋綿の輸入へと舵をきったのです。そのため、海外から安い綿花原料が大量に輸入され、農家が栽培しても値がつかなくなり、栽培をやめました。それが、国内綿花栽培衰退の要因です。

東京教育大学農学部教授であった故西川五郎氏は著書『工芸作物学』の中で、「日本における綿作は、明治29年の輸入綿花関税撤廃までは約10万ha作られていたが、その後この措置によって急激に綿花生産は減少し、昭和10年にはわずかに632haを作付るに過ぎなくなった。

昭和15年頃から綿作面積は幾分増加し、昭和18年には7,364haに達し、昭和20年は4,850haであった。

昭和31年の全国作付面積1,262ha、1ha当たりの繰綿収量は244kg程度、主要生産地は、茨城、鳥取、埼玉、佐賀、山梨、愛知、静岡、新潟などである。

栽培される綿は大部分がアジア綿であるが、陸地綿品種も一部栽培されている。日本における生産綿の大部分は、ふとんの中入り綿に用いられている」（同82頁）と当時を記しています。実際にそれ以降は、統計などで数量把握されておらず、綿花栽培は途絶えたようにみえました（図表3－8）。

しかし、1990年後半から岸和田を始め、兵庫県西脇、滋賀県高島などいたるところ

図表3-8 綿花栽培面積の統計

年号	作付面積
1896（明治29）年	100,000ha
1935（昭和10）年	632ha
1943（昭和18）年	7,364ha
1945（昭和20）年	4,850ha
1956（昭和31）年	1,262ha

出所：西川五郎（1960），p.82より筆者作成

で、規模は小さいながらも綿花栽培を始めたという話を聞くようになりました。

特に、２０１１年３月１１日東日本東北大震災以後、「東北コットンプロジェクト」における大々的な報道に触発されたためでしょうか、栽培に興味をもち実際に栽培する企業や団体、個人が増えているようです。もちろん、自ら畑など借りることができない方は、プランターによる簡易な観賞栽培、または、全国各地で立ち上がるコットンプロジェクトなどに綿花栽培ボランティアなどとして関わり、種植えや草引き、収穫を体験する方々も相当数にのぼっています。

日本全国各地で綿花栽培が行われている

上記アンケートから得られた回答を元に、栽培実績地図を作成したものが、図表3－9です。綿花栽培は比較的気温が高い地域が適していることから、東北地方での栽培はやや難しいようです。このことから、地図にも示されているように、東北地方以南の太平洋岸に点在しています。

東北地方では、大規模な農業復興を目指した「東北コットンプロジェクト」が、宮城県仙台市、名取市などで2011（平成23）年から展開されています。また、福島県いわき市では、NPO法人ザ・ピープルが「いわきオーガニックコットンプロジェクト」を展開しています。

関西地方で行われているプロジェクトは多く、奈良県の大和高田商工会議所、広陵町では比較的規模の大きなプロジェクトが展開しています。また、河内木綿発祥の地では、柏原市が日本で最大の綿実油メーカーである株式会社岡村製油と柏原市などが連携協定の

図表3-9 現代での綿花の栽培マップ

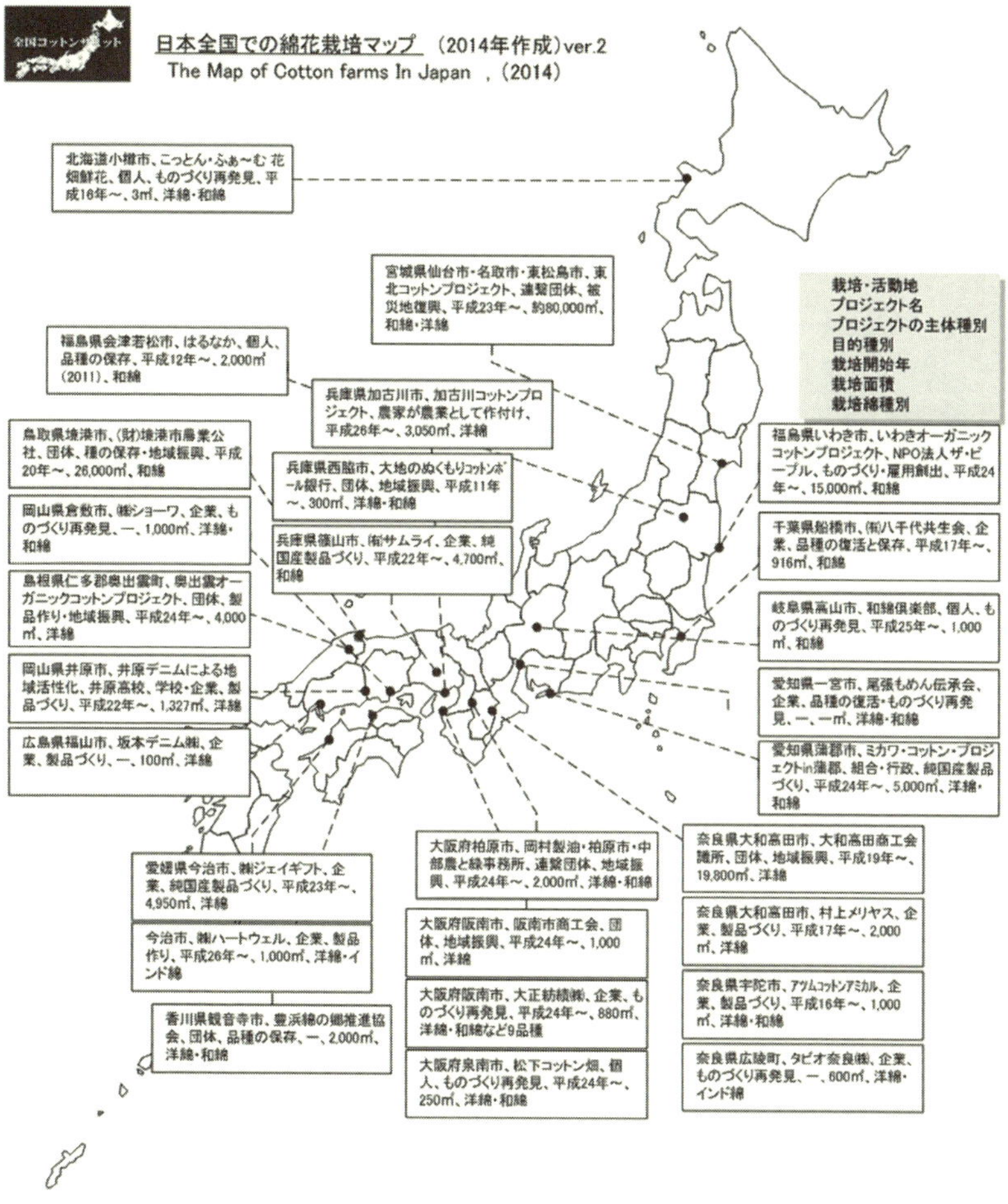
全国コットンサミット
日本全国での綿花栽培マップ (2014年作成)ver.2
The Map of Cotton farms In Japan ,(2014)
北海道小樽市、こっとん・ふぁ〜む 花畑鮮花、個人、ものづくり再発見、平成16年〜、3㎡、洋綿・和綿
宮城県仙台市・名取市・東松島市、東北コットンプロジェクト、連繋団体、被災地復興、平成23年〜、約80,000㎡、和綿・洋綿
栽培・活動地
プロジェクト名
プロジェクトの主体種別
目的種別
栽培開始年
栽培面積
栽培綿種別
福島県会津若松市、はるなか、個人、品種の保存、平成12年〜、2,000㎡(2011)、和綿
兵庫県加古川市、加古川コットンプロジェクト、農家が農業として作付け、平成26年〜、3,050㎡、洋綿
鳥取県境港市、(財)境港市農業公社、団体、種の保存・地域振興、平成20年〜、26,000㎡、和綿
兵庫県西脇市、大地のぬくもりコットンボール銀行、団体、地域振興、平成11年〜、300㎡、洋綿・和綿
岡山県倉敷市、㈱ショーワ、企業、ものづくり再発見、—、1,000㎡、洋綿・和綿
兵庫県篠山市、㈲サムライ、企業、純国産製品づくり、平成22年〜、4,700㎡、和綿
島根県仁多郡奥出雲町、奥出雲オーガニックコットンプロジェクト、団体、製品作り・地域振興、平成24年〜、4,000㎡、洋綿
岡山県井原市、井原デニムによる地域活性化、井原高校、学校・企業、製品づくり、平成22年〜、1,327㎡、洋綿
広島県福山市、坂本デニム㈱、企業、製品づくり、—、100㎡、洋綿
福島県いわき市、いわきオーガニックコットンプロジェクト、NPO法人ザ・ピープル、ものづくり・雇用創出、平成24年〜、15,000㎡、和綿
千葉県船橋市、㈲八千代共生会、企業、品種の復活と保存、平成17年〜、916㎡、和綿
岐阜県高山市、和綿倶楽部、個人、ものづくり再発見、平成25年〜、1,000㎡、和綿
愛知県一宮市、尾張もめん伝承会、企業、品種の復活・ものづくり再発見、—、—㎡、洋綿・和綿
愛知県蒲郡市、ミカワ・コットン・プロジェクトin蒲郡、組合・行政、純国産製品づくり、平成24年〜、5,000㎡、洋綿・和綿
愛媛県今治市、㈱ジェイギフト、企業、純国産製品づくり、平成23年〜、4,950㎡、洋綿
今治市、㈱ハートウェル、企業、製品作り、平成26年〜、1,000㎡、洋綿・インド綿
香川県観音寺市、豊浜綿の郷推進協会、団体、品種の保存、—、2,000㎡、洋綿・和綿
大阪府柏原市、岡村製油・柏原市・中部農と緑事務所、連繋団体、地域振興、平成24年〜、2,000㎡、洋綿・和綿
大阪府阪南市、阪南市商工会、団体、地域振興、平成24年〜、1,000㎡、洋綿
大阪府阪南市、大正紡績㈱、企業、ものづくり再発見、平成24年〜、880㎡、洋綿・和綿など9品種
大阪府泉南市、松下コットン畑、個人、ものづくり再発見、平成24年〜、250㎡、洋綿・和綿
奈良県大和高田市、大和高田商工会議所、団体、地域振興、平成19年〜、19,800㎡、洋綿
奈良県大和高田市、村上メリヤス、企業、製品づくり、平成17年〜、2,000㎡、洋綿
奈良県宇陀市、アツムコットンアミカル、企業、製品づくり、平成16年〜、1,000㎡、洋綿・和綿
奈良県広陵町、タビオ奈良㈱、企業、ものづくり再発見、—、600㎡、洋綿・インド綿

出所：全国コットンサミット実行委員会作成による

元、耕作放棄地での栽培を２０１２（平成２４）年から始めています。また、大正紡績株式会社が立地する阪南市では、商工会と阪南市、企業等が一緒に綿花栽培を２０１２（平成２４）年に始めました。

また、中国地方では岡山県倉敷での井原高校や、株式会社ショーワなどが綿花栽培を始めています。

このマップで記載しているプロジェクト以外にも、実施している大小様々な活動が耳に入ってきています。完全に網羅できていませんこと、何卒ご了承ください。

このように、近年増えてきている綿花栽培、日本人は太古の昔から綿花とともに暮らしてきたのです。次章では、綿花とはどういうものなのか、それと日本人と綿花の関係についてまとめます。

第4章

江戸時代から人々に身近な綿花

肌に優しく、環境に優しい繊維　木綿

２０００年代に入り、衣服に使用される分野では、木綿などの天然繊維よりも化学繊維が優位になっています。特に、大手アパレルメーカーは、品質が安定し、様々な機能性を有するナイロン、ポリエステル、レーヨンなどを衣服の主な原料に使用してきました。

しかし、日本においては、肌着の部門においては、綿や絹がいまなお主体となっています。それは、アトピー性皮膚炎など肌疾患を抱えた人が増加しており、化学繊維では合わない人々がむしろ積極的に綿や絹、麻などの天然繊維でできた肌着などを選択購買しているからです。身近な木綿は、一体いつから私たち日本人の周りにあるのでしょうか。

衣服などに使用される繊維

麻、綿、絹、毛などの天然繊維（短繊維）

ナイロン、ポリエステル、ポリウレタンなどの化学繊維（長繊維）

紀元前から人に身近な繊維であった綿花

紀元前からメキシコやインドで綿花が栽培されるなど、人間のそばに長い間寄り添ってきています。それら紀元前の記録は、遺跡や絵画などからその足跡をたどることができるようです。

アオイ科のワタ属（Gossypium：「ゴシピウム」）に属するこの植物は、セルロースからなる繊維質を作る作物です。世界に分布するその品種は品質改良などが進んだこともあり、数え切れない品種がみられます、元の品種をさかのぼれば4種に集約されます。アルボレウム、ヘルバケウム、バルバデンセ、ヒルスツムです（図表4－1）。

4つの種とその特徴

アルボレウムとヘルバケウムは、古くインド、パキスタンのあたりで栽培され、その後

図表4-1 わたの4種

種の名称	ヒルスツム種	バルバデンセ種	アルボレウム種	ヘルバケウム種
分類 英語表記	Gossypium. hirsuturm	Gossypium. barbadense	Gossypium. arboreum	Gossypium. herbaceum
原産地	メキシコ南部、中央アメリカ	ペルー北部	アジア（インド）	アジア（インド）
特徴	・繊維が長く細い ・朔（実）が大きい	・繊維が非常に長く細い ・光沢がある ・朔（実）が大きい	・繊維が太く短い ・朔（実）が小さい	
代表的品種	陸地綿（アップランド綿）、アメリカ綿、旧ソ連綿、オーストラリア綿、中国綿など	海島綿（シーアイランド綿）、エジプト綿、ペルー綿、インド綿、スーダン綿、スーピマ綿（アメリカ綿）など	アジア綿、デジ綿（インド綿、パキスタン綿）、和綿	現在はほとんど栽培されていない

＊ヒルスツム種・バルバデンセ種とアルボレウム種・ヘルバケウム種とで、染色体数が26個、13個と異なり、交配はできないとされる。
出所：各種資料から筆者作成

大陸に広くいきわたったもので、繊維長が短く（２０㎜程度）、繊維が太いものです。そのため、手触り感が強く、こしがあるため、布団綿や脱脂綿にむきます。そのため、機械紡績に向かず、手紡糸に適していいます。現存するのはデシ綿と呼ばれるものが代表的であり、日本で「和綿」と称される品種はアルボレウムになります。一方、ヘルバケウムは、ほとんど栽培されていないようです（日比輝１９９４、２８頁参照）。

図表4-2　世界の綿花生産量上位3か国

（単位：トン）

順位	国名	2012年生産量
1	中国	20,520,000
2	インド	16,600,000
3	アメリカ	8,909,960

＊すべて、リント綿。
出所：国際連合食糧農業機関（FAO）

一方、バルバデンセは、世界で最も繊維長が長い種であり、超長綿とも呼ばれます。ペルーが発祥とされ、中米や西インド諸島などへ広がりました。特徴は、繊維長が非常に長く（３０㎜以上）、繊維が細く、光沢があります。

ヒルスツムは、世界で最も多く栽培されているもので、綿花生産量の約９０％を占めるといわれています。中でも、交配改良して作られたアップランド種は、生育期間が短く、どんな気候条件にも対応でき、繊維の質もよく、用途が広い優れた品種です。

現在では、綿花は赤道を中心に北緯３７度と南緯３２度に挟まれた、３５００万ha、９０か国以上にわたって栽培されています（エリック・オルセナ２０１２、９頁）。

世界最大の綿花生産国は、中国とインド、アメリカです（図表４－２）。ただ、世界では１００か国近くで生産されているため、各種特徴を有した素晴らしい品種がたくさんできています。

繊維の長さとその用途

繊維長から短繊維、中繊維、長繊維などと区分され、それぞれ代用的な品種がみられます。また、短繊維は和綿などに代表されるような、紡績に馴染みにくいもので、布団綿などや手紡糸に使用されています。また、中繊維は、綿製品の最も多くに使用される太さで、その用途は、タオル、デニム、ガーゼなど多用途です。最後に、長繊維はブラウス生地や一部の高級スカーフなど高級衣料などに使用されています（図表4－3）。

消費の2極化にあわせる混綿と単一混綿

日本では、明治後期の輸入関税撤廃を期に、綿花原料の調達は海外から100％輸入に

図表4-3 繊維の長さからの分類

	短繊維綿	中繊維綿	中長繊維綿	長繊維綿	超長繊維綿
繊維長	20.6mm未満	20.6~25.4mm	26.2~27.8mm	28.6~38.1mm	34.9mm以上
主な品種	デシ綿（インド綿・パキスタン綿）	アメリカ綿 オーストラリア綿 メキシコ綿 中国綿 *その多くが、陸地綿（アップランド綿）		スーピマ綿（アメリカ） ギザ（エジプト綿） スビン綿（インド綿） ピマ綿（ペルー綿） 新疆ウイグル綿（中国綿） 海島綿（シーアイランド綿）	
番手	紡績に適さない	20~50番手の太い糸		80番手以上の細い糸	
用途	布団、脱脂綿等に使用	タオル、メリヤス肌着、ガーゼなど 衣料素材に使用		シャツ、ブラウス、高級衣料 素材に使用	

*番手:綿糸の太さ、綿糸1ポンド（約454g）で840ヤード（約840m）を1番手、数字が大きいほうが細い糸。
出所：財団法人日本綿業振興会（2003）pp.16-18を元に筆者作成

依ってきました。そうして、綿花、綿糸の一定の品質と安定した価格を実現するために、日本で発達した技術が「混綿」です。

各綿花産地の豊凶や相場の変動をみながら買い付け、それらを混ぜあわせて、一定の品質と価格を実現してきました。まさに、日本の紡績技術は、混綿技術そのものなのです。

しかしながら、近年は量産分野について東南アジアなどから安い製品が輸入され、製品の差異化が図れなくなり、競争環境にさらされました。一方、日本の消費者は嗜好が多様化・高級化してきたため、他とは異なる高品質の製品への期待が高まってきました。いわゆる、消費の二極化です。

こうした消費者のニーズにこたえるように、紡績会社などでは、世界各地の特徴を有する綿花を探し求めて、農場などに直接に買い付けに行くなどの動きが出てきたようです。この動きにあわせて、それまでの混綿から、単一地域、品種だけで紡績する「単一混綿」によるブランド綿糸に脚光が集まってきました。

読者の方々も、柔らかな風合いをもつスーピマ種やスビン種といった表記を、パッケージでみかけたことがあろうかと思います。こうした産地・数量限定で供給されるいわば限定品が市場の活性化を生んでいます。飲料分野でのコーヒーでも、同様のことがみられます。「ブレンド」コーヒーとは対極に、モカ・マタリだとか、キリマンジャロ、ブルーマウンテンなどコーヒー豆銘柄指定で豆が販売され、コーヒー専門店で期間限定として飲めるようになりました。豆を通して、産地や栽培・収穫のストーリーの思いを巡らせるのと、単一混綿による綿花は、その印象が似ていますね。

日本で生産された綿がブランド化された例として、境港市の伯州綿が挙げられます。詳しくは、第5章の事例をご覧ください。

江戸時代に最も盛んだった日本での綿花生産

日本では、西暦800年ごろに、三河に漂着した崑崙人が綿の種をもたらしたとされています。愛知県西尾市の天竹神社にその種子と運ばれた壺が奉納されています。

現在ではこの出来事が史実として語り継がれ、一定の支持を得ていますが、実際には別の諸説も多いようです。しかし、もたらされた種は栽培に成功しなかったようです。

その後しばらくして、国内で綿花を栽培する地域がみられるようになったようです。特に、アジア種のデシ綿を起源とする、和綿が全国で栽培され、それを手で糸にし、織の技術を伴い綿布としていたようです。それらは、「絣」や「紬」といった伝統織物産地で今も、製品を手にすることができます。綿布以外には、ふとん綿などに使用されました。

こうした和綿の生産が最も盛んだったのは、江戸時代だといわれています。その理由は、徳川幕府が封建的秩序を乱す華美な衣服着用を禁止し、衣服倹約令が出され、絹の使用が禁止されたことから、綿の衣服が庶民の間で広まったことによるようです。

こうしたことから、江戸時代に急速に綿花栽培が拡大し、各地に綿花の大生産地帯が形成され、特に畿内の大阪近郊などにおいて生産が盛んになり、木綿問屋が組織され、広く全国に向けて取引される重要な生産品となり、各藩の財政を形成する産業として広がりました。また、綿花栽培に必需となる肥料としての干鰯や、綿を染める染料の藍なども周辺産業として盛んになりました。

明治期での近代紡績と洋綿、ガラ紡と和綿

しかし、明治政府になり殖産産業を振興し、産業の近代化を図るとともに、国内で生産されていた綿花とそれら綿布は次第に、その生産量を減少させていきます。

加えて、殖産で導入された紡績業に導入された機械は、英国製のものなど海外のものが多く、日本で栽培された和綿では繊維長が短く、これら機械で紡糸するには生産性が期待できなかったようです。こうしたことから、近代的な紡績機では海外から輸入したアップランド種などの洋綿で、一方、和綿に適しているのは臥雲辰致が開発した「ガラ紡」(1)といったように、別けて使用されることが多かったようです。

(1) ガラ紡(がらぼう)は、臥雲辰致により1876年に考案された紡績機。そのガラガラという動作音から、ガラ紡と呼ばれた。「つぼ」と呼ばれる円筒形の容器に綿を詰め、垂直に立てた状態で、円筒の中心軸を回転軸として円筒を回転させながら、綿を上に引き出すことにより紡糸を行う。近代的な紡績機に比べれば糸の太さむらは大きく、紡績速度も遅い。東海地方に普及したが、1887年をピークに衰退し、現在では愛知県の数件で使われているのみである。紡がれる糸は、手紡ぎに近い素朴な風合いがあり、近代紡績機では難しい繊維長の短い和綿に適する。

第5章

綿花栽培による参加体験コトづくりマーケティングの事例

本章では、ものづくりの作り手と買い手が一緒に活動する参加体験コトづくりマーケティングの事例を3つ挙げます。最初は、ブランド化と究極のフラッグシップ作りを目指すサムライジーンズです。次に、本格的な綿花栽培と純国産タオルの開発を行うジェイギフト、最後に、市民が綿花を栽培し、伯州綿のブランド化に取組む境港市農業公社です。

事例1 サムライジーンズ

――参加体験と究極のフラッグシップ

ジーンズ業界は、大手・中小メーカーが入り混じって厳しい競争環境に置かれています。1990年代のジーンズブームに始まった新たな価値を探すため、様々なマーケティングが試され、その結果、ダメージジーンズや刺繍加工、色落ち加工など様々な付加価値が生み出されてきました。最近では、その動きの延長線に、復刻版ジーンズやオールドジーンズといった「ヴィンテージジーンズ（1950～70年代頃の名品）」の開発競争が盛んになっています。

そんな中、「サムライジーンズ」（商標）を企画販売する有限会社サムライは、個性ある商品ラインアップを取りそろえることで有名です。特に、「ヘビーオンス[1]」、「色落ちを楽しむ」ジーンズは独自性が高く、日本の「サムライ」にインスピレーションされる商品名称や商品展開により、一般のファンをはじめ、こだわりが強く目の肥えた芸能人にまで広く愛されています。かねてから、ファンとの距離感を短くし、自社ジーンズのファンをコミュニティ化するためにバーベキューやツーリングを販売取扱店の店主やファンとともに行ってきました。

商品ラインナップは、デニムに始まり、シューズやキャップ、かばん、シャツなど「男らしさ」、「力強いアメカジ感」をストレートに感じられるものとなっています。こだわり

(1)「オンス（OZ）」という単位で表され、ジーンズ1本の重さではなく1平方ヤードの生地の重さを表したもの。1オンス＝28．3グラム弱。1平方ヤード＝0．84平方メートル。一般的には14オンスほどの厚みが多く、しなやかな履き心地がある。厚いほど生地は硬くゴワゴワし、馴染むまで時間がかかる。

大阪の店舗

の商品企画は、それぞれのアイテムにおいても展開され、ひいては素材の追及へと向かっていきました。

企画販売から出発した

有限会社サムライは、1998年に野上徹社長が大阪で設立した個性豊かな商品を企画販売する卸小売業です。大阪梅田店を本店とし、日本全国の小売店舗約80店に商品を卸し、個人向けに通信販売もしています。

現在、企画はすべて自社で行い、デニム生地の製造、染、加工については外部の製造業に委託しています。こう記せば、一般的なジーンズショップに近いのかもしれませんが、ほかのブランドやお店と大きく異なるのは、

挑戦者、野上社長

多くのジーンズファン、サムライブランドファンとともに「マニアには買わずにいれない究極の限定」ジーンズ、「ハードな本物の」ジーンズを開発している点です。

厚手なヘビーデューティ

一般的なジーンズは14オンスのデニム組織の織物（綾織(2)）が多いのですが、サムライジーンズでは創業

(2) 綾織りは、タテ糸がヨコ糸の上を2本、ヨコ糸の下を1本、交差させて織られる織組織。糸の交錯する点が斜めに位置するのが特徴である。糸が出っ張った「畝」が斜めに走る形状を、「綾目（あやめ）」と呼ぶ。タテ糸とヨコ糸が直角に交差する平織に比べて、綾織はやや柔らかい生地となる。

企業の営業コンセプト

「ジーンズは作り手、穿き手のこだわりが一致しないと商品価値が無い」をコンセプトに、世の中に安易に色落ちしたジーンズが蔓延する中で、「質の良さ」「色落ちさせることの悦び」に徹底的にこだわったものづくりに専念し、次々と新しいことへ挑戦し続けています。

ヴィンテージの雰囲気や風合いをリスペクトし、かつ、ヘビィーオンスデニムとの美しい融合と魅せ方を考えた縫製仕様を主軸に、革パッチ、ボタン、リベット、スレーキ(3)、フラッシャー(4) など副資材などの付属品への豊富なバリエーションと徹底的なこだわりで最高の演出をすることで、最高のオリジナルデニムを最高のジーンズに仕上げる為に、我々は一切の妥協を許すことなく戦い続ける。

出所：サムライジーンズWebサイト

当初から15オンスを超える16、17、19、21、24オンスと一貫してヘビーオンスに挑戦してきました。ウエストボタン、リベットボタン、革パッチなど生地だけでなく、副資材に至るまでモデルごとにデザインし、企画製造されているため、買い手は限定商品を所有、加えて身に着ける喜びを得られるのです。

被災地支援も積極的に

また、2011年は、東日本大震災

の被災地支援のために、売上の一部を義援金として寄付するとともに、野上社長自ら自社商品などを持参し、あわせて、現地にてボランティア活動に加わりました。現在も年に一度被災地を訪れ、ボランティア活動を行っています。

古い機械で難しい織物を創る

先にふれたようにサムライジーンズの特徴は、「ヘビーオンス」な厚手の生地です。ただ、厚手のデニム、綾織生地を織るのは、そう簡単なことではないのです。つまり、近年革新されたエアーやウォータージェットによる高速織機(5)ではヘビーオンスの生地を織る

(3) フロントポケットの袋布の事。
(4) ジーンズのヒップポケットに付けられるペーパーラベルのこと。
(5) ヨコ糸をタテ糸の間にいれるのに、糸とともに空気や水流を瞬時に飛ばして、行き来きさせる近代的な革新織機。これらは杼（ひ、「シャトル」ともいう）の無い織機であり、無杼織機と呼ばれ、有杼織機よりも高速化、省力化に適し、量産型織機として普及した。

ことができません。つまり、綿糸が太くなれば、織物業が現在主力とする革新織機では対応できません。では、どうして厚手の織物を織ることができたのでしょうか。

15オンス程度なら、10番手ぐらいのタテ、ヨコ綿糸で織られるのですが、20オンスを超えると綿糸もさらに太くなるので、織機の針、駆動部分への負荷が大きく、多くの場合、針折れなどが生じて製織は困難です。

しかし、岡山近隣の織物業は、デニム生地、帆布生地など太番手の綿糸による製織が得意な業者が多く、同社は20オンスを超える厚物を製織できそうな業者と一緒になって挑戦してみたのです。そこで使用されていたのは、最新の織機ではなく、古いタイプの織機（シャトル織機）でした。厚手のデニム生地を織ることができたのは、その業者が有するノウハウと情熱が功を奏したためです。

機屋と一緒になって挑戦し目標実現

一緒になって製織を行った織物業者は、デニム生地専門でしたが、20オンスを超えるデニム生地づくりについては、当初織れるかどうか困惑したようです。

しかし、野上社長の熱意と挑戦心に心を動かされ、いつの間にか、一緒になって、世界にない厚手のデニムを織ってやるといったチャレンジ精神が高まりました。試行錯誤のうえで、数度となく針をつぶし、機械の故障を乗り越えて、製織したデニム生地は、硬くて、ヘビーデューティなもので、他社が簡単に真似できないものとなりました。

さっそく、その生地からパターン、縫製をへてジーンズへと試作してみたものは、想像をこえた「手ごわい」ハードな、まさに「サムライ仕様」になりました。

このように、ものづくりの委託先にも、素材やその栽培方法、デニム生地の織方法など厳しいこだわりをもって要望しているようです。

穿きこなすには根性が必要なジーンズ

出来上がった20オンスを超えるハードデューティなジーンズは、かつてアメリカの炭鉱労働者が好んだ、ハードに着用しても破れないほど丈夫なものです。縫製されたジーンズは、硬いため、ジーンズがそれだけで「立つ」ほどです。穿くには、股ずれが必至、すれて時には血がにじむものでした。こうした、ハードなヴィンテージジーンズを開発したサムライジーンズは、ヘビーオンスジーンズメーカーの代表格となり、強烈な個性ある商品を求める顧客を虜にしました。

原料から作るこだわり、「サムライ綿づくり」プロジェクト

こうした超個性的なジーンズを企画販売したサムライジーンズは、新たな方向性へとその歩みを進めました。原料の綿花を国内で栽培し、商品化するプロジェクト、「サムライ

純国産ジーンズ

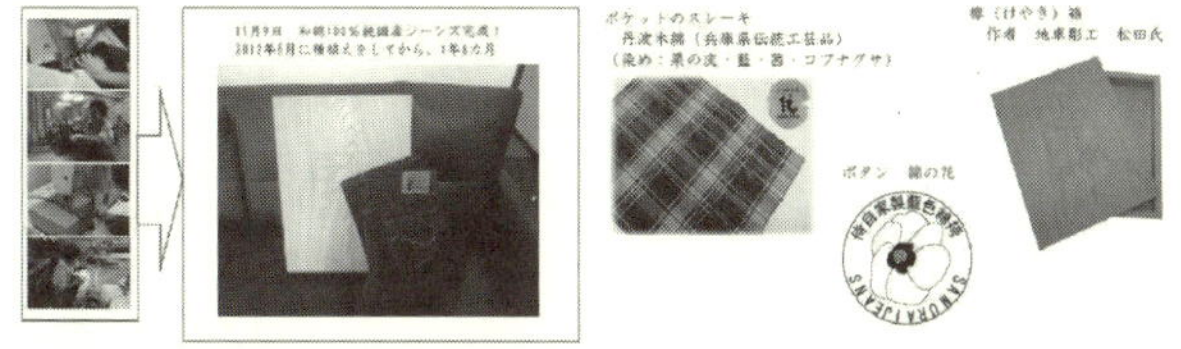

鍬をもったサムライが綿花畑に立つ！

綿づくり」の開始です。

文字通り、日本国内でジーンズの原料となる綿花を栽培し、収穫した綿を糸にして、織物を作り、藍染めするというプロジェクトで、国内に多数のジーンズメーカーがあっても前例はなく、こうした原料から生産工程すべてを国内で完結するのは、業界初めてのことでした。

紬や絣の産地では、和綿を栽培、織りものをつくり染めるといったことで、着物や浴衣、手ぬぐいといった小物を作り、伝統工芸品として広く販売する例は見られましたが、和綿でジーンズを作るのは珍しいことです。

和綿栽培から糸作り、デニム生地製織、国内

参加体験　綿づくり倶楽部ミーティング

裁断縫製、本藍染めの加工を経た、原料から生産に至るまでその全てを国産に依った、純国産のものづくりを実現しました。「一度決めたら、とことんやる」を信念とする野上社長の心意気が感じ取れます。

軌道にのり出した篠山市での綿花栽培

２０１２年３月、兵庫県篠山市真南条上で地元真南条上営農組合と手を組み本格的に栽培を始めました。その年は、和綿を２反作付ました。サムライジーンズの社員、関係者、地元市民、ジーンズファンなど３０名以上が篠山市の圃場に駆けつけました（綿づくりブログ：http://ameblo.jp/ito0931/）。

篠山の和綿栽培

その後、ジーンズを販売する小売店主や、買い手が綿花の植え付け、草ひきを5月の連休を皮切りに、「サムライ綿づくり倶楽部ミーティング」と称して参加体験イベントを月2回程度開催しています。年を重ねて、地元の食材を使ったＢＢＱや藍染め・草木染体験など参加体験イベントを熱心に行っています。

篠山市に栽培地を決定した理由は、広大な耕作放棄地を有し、解消を目指し活動していたこと、営農組合の引き受け体制が整っていたこと、大阪から近いことが挙げられます。

篠山市の気候で特有な濃霧、朝晩の冷え込みなどにより、和綿栽培にとって厳しい点が多かったようですが、9月以降収穫が可能となり、関係者など大勢の方々がか

図表5-1 綿花栽培の年表

	企業経営	綿花栽培	関連活動
2008年		岡山県での栽培初挑戦	
2009年		栽培継続	
2010年	梅田本店開設	栽培継続、収穫祭実施	
2011年			・東日本大震災 ・「第一回全国コットンサミットin岸和田」への参加 ・「東北コットンプロジェクト」始動
2012年		篠山市での栽培1年目実績 栽培面積：4,000㎡、和綿4,800株 収量：100kg	・「第二回全国コットンサミットin境港市」にて栽培と商品化計画を報告
2013年		栽培2年目実績 栽培面積：9,000㎡、和綿24,000株 収量：150kg	・「第三回全国コットンサミットin広陵町」への参加
2014年	・純国産ジーンズ「和」サンプル完成 ・篠山市の農家と契約栽培開始	栽培3年目 計画 栽培面積：16,800㎡（うち、委託8,000㎡）、和綿12,000株	

＊収穫重量は種付（「リントコットン」と呼ぶ、繊維を「リント」、種は「綿実」)。綿実をとる綿繰りをしたリントのみにするとリントコットンの30%の重量に。
＊1反＝約1,000平方メートル＝約10アール
出所：サムライジーンズへのヒアリングによる

けつけ、収穫体験をし、自ら植えつけた綿花を愛おしそうに触り、収穫している様子がとても印象的でした。

その後、2013年は作付面積を増やし、順調に収穫できたことから、数年分の綿花の種取（綿繰り作業）を行い、その綿から和綿100%で紡糸を行いました。こうして、試行錯誤しながらも

綿花栽培から収穫まで一貫して手にかけた綿糸は、藍染めの染色工程を経て、製織、デニム生地へと変身しました。

商品化の動き

こうしてできたプレミアムなジーンズは、「和（やまと）」（型番：S000JPC）と名付けられ、純国産ジーンズとして予約販売されました。その商品の仕様は、篠山市で育てた和綿、それから紡いだ綿糸、本藍をはじめ天然染料、力織機によるヘビーオンスのデニム生地、そのすべてが国産原料を使い、国内製造工程を経て純国産による最高のこだわりから創り出されたものです（図表5－2）。値段は99万9千999円（税抜）。製造本数はサンプルが1本、デニム生地は4本分制作しました。サムライジーンズの得意の革パッチは完全オリジナルで、篠山産の「サムライコットン」を創り出すお侍さんが、刀を鍬にもちかえて農作業を行う端正な姿が刻まれました。見えないこだわりの部分、ポケット

図表5-2 純国産ジーンズ「和」の仕様

生地名称	15oz侍和綿セルビッチ2012自家製和綿サムライコットン100%
耳	和耳（やまとみみ）サムライコットン糸の藍染
飾りステッチ	自然との共生 2羽のカモメがバトンを受け渡すイメージ。自然界からの宝物を後世に伝えていくという想いをこめた
縫製糸	イエロー和綿の花の色
革パッチ	綿畑に立つ侍刀を鍬に持ち替えて
ボタン	綿花をデザイン
リベット	無刻印無からのスタート
スレーキ	丹波木綿（丹波篠山市で栽培した綿を紡ぎ、栗の皮・藍・茜・コブナグサの4種類で染め上げた糸を、時間をかけて手織りで制作したもの）

＊「スレーキ」ジーンズのフロントポケットの袋地のこと。
出所：サムライジーンズより

の袋布であるスレーキに篠山市で栽培した綿を紡ぎ、栗の皮・藍・茜・コブナグサの4種類で染め上げた糸の織物を充てるなど随所に強い地域性、こだわり感を実現しています。加えて、包装箱はジーンズでは珍しく、そのケースがだんじりの彫刻士が彫った欅（けやき）箱で制作されています。

フラッグシップのものづくり

重要なのは、その仕様でもなければ、価格でもありません。こだわったものづ

顧客と楽しみながら作業

くりであり、それはまさにサムライジーンズの「フラッグシップ」といってもいいでしょう。重要なのは、このジーンズを作る過程なのです。

販売店の店主や顧客などサムライジーンズのファンが綿花の栽培から手伝い、栽培や収穫体験を通じて自ら手掛けた愛着のある綿の素材で身の回りを包みたい、そうした思い入れのストーリー溢れる商品を手にしたいという所有欲に応えています。こうしたものづくりのマーケティングが重要なのです。体験、ものづくりのマーケティングを見事に具現化した事例です。

この純国産ジーンズ「和」は、有限会社サムライがどういう方向に商品開発を行うのか指し示す旗であり、その方向性を示す行動が、フラッグシップ作りなのです。この一連の行

図表5-3　フラッグシップは企業の志向を示す

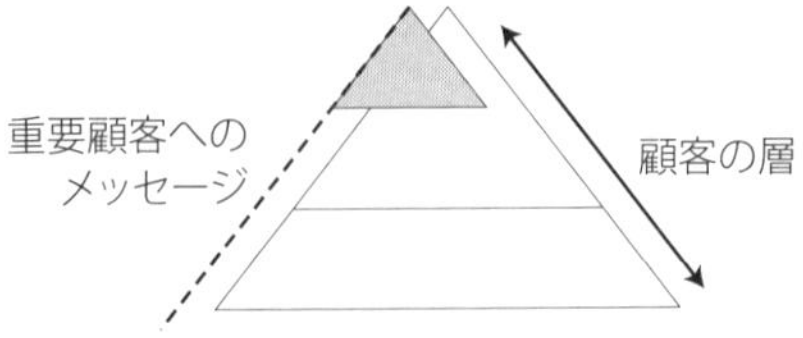

＊頂点の最重要顧客に向けた企業の志向を示すもの＝「フラッグシップ」
出所：筆者作成

動は、ユーザーとの距離の近さを示すものづくりの姿勢を十分に現わせているように感じます。

もちろん、企画販売するすべてのジーンズ商品を純国産化するには、課題が多いですが、商品ラインナップの一部にこうした、顧客が育てた綿花から商品が作られ、その栽培過程にかかわった者に購入権利があるという、限定的なフラッグシップを創り出すことはものづくりへの姿勢を示す方法として、つまりマーケティング手法として重要な方法なのです（図表５－３）。

もう一段階上のマーケティングを目指す

同社では、篠山市真南条上における綿花栽培面積を広げ、最終的には篠山市内各所への普及をめざしています。「最終的には、「和綿の里」を目指して、地域活性化につながるお手伝いになれば」と野上社長はいいます。

　2013年までは企業が顧客と一緒に綿花栽培をしているにとどまっていたのを、「2014年からは、まずは真南条上の全戸でプランターによる綿花栽培を行うようにお願いし、栽培に親しんでもらっています。また、市内の小学校や農業高校にも綿花栽培について学んでもらうために、体験学習を行いました」と、担当の荻野さんは話します。

　2012年当初地元の方々は、どんな企業が和綿栽培するのか、遊び半分じゃないかといった懐疑的な目で見ていたようですが、この2年間篠山市に栽培担当者を専従させ、彼らが熱心に栽培する姿をみて、本気の度合いを感じ、本音で物事が進みだしたようです。特に、委託栽培を引き受ける農家には、収穫した綿花50kgを20万円で買い取る契約をしています。地元の農家が黒豆を契約栽培した場合の契約価格が同量で30万円、水稲で15万円なことから察すると金額条件は悪くはないと思われます。

　こうした取組みが、やがて信頼関係のうちに実を結べば、次の2つの事柄が実現されます。一つは、「都市と農業地域の人を結びつける」、2つに「篠山に外部の人を呼び込むツーリズムにつなげる」ことです。これら2つの事象が具現化すれば、「和綿の里」として地域づくりのリーディングモデルとなるでしょう。

サムライジーンズの事例から学ぶ参加体験コトづくりマーケティングのポイント

1. フラッグシップのモノ作りは、最重要顧客へ企業の志向を示す旗である
2. フラッグシップを作ることで、企業の考え方を広くアピールできる
3. とことん「純な」ものづくりを目指せ
4. 顧客と一緒にものを作り、出来上がりを楽しむ
5. 農家や住民、社会との関わりやつながりを意識する
6. 地域社会に溶け込む

オリジナル　タオルケーキ　バリィさん

事例2　ジェイギフト
——本格的な綿花栽培と純国産タオル・ストールの開発

ギフト商品として地元今治産のタオルを数年来販売してきましたが、その原料となる綿花は海外から輸入したものが使用されています。社長は、ギフト商品として何か他にない特徴ある商品を作りたいと考えていました。そうした折に、六次産業化の講習を受けたことがきっかけとなり、全国各地で盛んとなっている綿花栽培を行い、それをもって商品開発を目指す事業ができるのではないかと考えました。綿花栽培から商品化を一貫して取り組めば、他にない特色を打ち出し、これまでに経験したことがないマーケティングに取り組めるはずとの思いから、本格的な綿花栽培と純国産タオルの開発が始まりました。

贈答品を取扱い

加地敏勝社長が愛媛県今治市に設立した株式会社ジェイギフトは、ギフト商品の卸小売りを営んでいます。扱うものは、引き出物や贈答品として購買される、ギフトカタログ販売（旅行も選択できるギフトも含まれる）、他にも愛媛県特産品の愛媛みかん、今治市の公認ゆるキャラ「バリィさん」シリーズのタオルなどです。

今治市といえばタオル生産で1、2位を大阪泉佐野産地と競う一大産地です。同社は地元タオル製造業と連携して、オリジナリティの高い詰め合わせセットのラインナップを取り揃えています。

たとえば、赤ちゃんが生まれると使用するおむつやおくるみをセットにデコレートした、通称「おむつケーキ」はオリジナリティあふれるものです。今治のゆるキャラ「バリ

今治市での栽培

アップランド種の純白の花

収穫まじかな綿

収穫された綿の乾燥

ィさん」を中心に、タオル、歯固め、ぬいぐるみなどがセットになったものです。

純国産タオル「プラチナタオル」

顧客に向けて、独自企画で商品展開する

２０１１年までは、「しまなみ美人」シリーズとして、新疆綿（もちろん、輸入糸）を原料に使い、特別なジャガード織により、かさ高な商品を独自企画で販売してきました。フェイスタオル、バスタオルなど大きさや用途も多彩です。バスタオル１枚小売上代２，５２０円（税込）であり、少し高級な商品となっています。

吸水性とやわらかさに優れたインド綿「Ｆ９０」（輸入糸）を使用したジャガード織で作られたのが、しまなみ美人「めぐみ」で、バスタオル１枚小売上代２，６２５円（税込）です。

こうした少し高級な定番商品の上に、シリーズ最上級のしまなみ美人「極み」があります。これは、エジプト超長綿（輸入糸）を使用した商品で、高級品としてバスタオル１枚１６，２００円

図表5-4 「しまなみ美人」シリーズのポジショニング

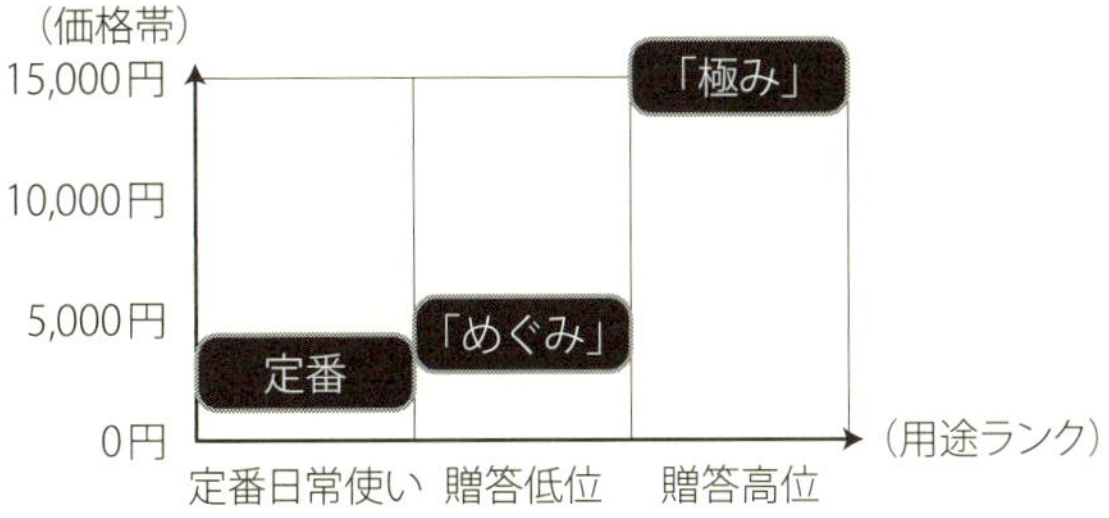

出所：筆者作成による

（税込）で販売しています（図表5－4）。

これら、商品シリーズ「しまなみ美人」は当社が企画し、シリーズ展開した初めての商品であり、登録商標を取得しています。定番使いから贈答用で価格設定が低いシリーズ、同じ贈答用で価格設定が高いものなど、顧客の行動パターンにあわせた商品展開を行っています。このマーケティング発想は、すべて社長の加地氏の発案によるものです。

栽培のきっかけ

「きっと綿花栽培は、これまでの野菜などと同様にうまく栽培できるはず」と加地社長は自信に満ち溢れてい

挑戦者、加地社長

ました。２０１１年3月のことです。3月１１日東日本大震災が発生し、綿花栽培で東北を勇気づけようと「東北コットンプロジェクト」が立ち上がりましたが、加地氏は「私にできることは、一度決めた綿花栽培で六次産業化を実現し、自家製綿花での商品を開発すること、それで世の中にお返しすること、それに集中しよう」と心に誓っていたそうです。

２０１１年2月、六次産業化講座を受講していた加地社長は、自らの幼い記憶を呼び起こしていました。幼いころ、生活を少しでも楽にするために、幼いながらも見様見真似で野菜栽培を工夫して行っていました。そのため、植物栽培については、一定の経験と知識を持ち合わせていたようです。

「何か商売に合わせてできるのではないか?」、これまで、今治タオルの企画商品化を独自に行ってきたので、綿花栽培を自前で行い原料を作りだし、それをもって他にない商品企画を行い、それが六次産業化の実現に結びつくことを確信しました。

大正紡績近藤氏との出会いでさらに栽培イメージが具現化

綿花について、詳しい人を探すうちに、大正紡績株式会社の近藤氏にたどりつきました。近隣の織物業者を通じて紹介を受け、話をするうちに綿花の素晴らしさを自ら体験してみたいと願うようになり、すぐさま栽培に取り掛かりました。

大正紡績近藤氏と

休耕田を借り、綿花の種を一般財団法人日本綿業振興会から購入し、幼いころと同様にただ、直感を信じて栽培を始めました。というのも、綿花

を栽培した経験があるという農家や人は近隣におらず、綿花をどう育てるのか、古い資料を集め、昔の経験を信じて栽培するしかなかったようです。

「近藤氏と話すうちに、不思議と自分が考えていることを強く後押しされているような気になり、勇気がわいてきました」と加地氏。2011年に栽培したアップランド種でできた綿花は、「しまなみブランカ2011」（商標登録）と名付けられました。名付け親は、近藤氏でした。

商品の良さは、原料が第一の決めて

2011年に初めて栽培を始め、栽培面積は約2反、栽培株数は3，000株で栽培品種はアップランド種でした。この品種を選んだのは、入手しやすく、世界で栽培されている9割以上の品種がこれだったからで、品種改良の結果、栽培しやすいとされていたからです。

図表5-5 綿花栽培の年表

	企業経営	綿花栽培	関連活動
2011年	・タオル街、今治市において純国産タオルの生産を目指す	今治市での栽培1年目実績 栽培面積：2,277㎡、洋綿3,000株 収量：500kg、アップランド種	・東日本大震災 ・「第一回全国コットンサミットin岸和田」への参加 ・「東北コットンプロジェクト」始動
2012年	・超長綿の栽培に変更	栽培2年目実績 栽培面積：4,950㎡、洋綿6,000株 収量：800kg、スーピマ種	・「第二回全国コットンサミットin境港市」にて栽培と商品化計画を報告
2013年	・国産スーピマ種100%のバスタオルを生産、販売	栽培3年目実績 栽培面積：5,000㎡、洋綿6,000株 収量：800kg、スーピマ種	
2014年	・さらに高付加価値商品、高級ストールの開発	栽培4年目 計画 栽培面積：5,000㎡、洋綿約6,000株、スーピマ、スビン種、アップランド種	

＊収穫重量は種付（「リントコットン」と呼ぶ、繊維を「リント」、種は「綿実」）。綿実をとる綿繰りをしたリントのみにするとリントコットンの30%の重量に。
＊1反=約1,000平方メートル=約10アール
出所：ジェイギフトへのヒアリングによる

翌年以降は、品種をスーピマ種に変え、面積も約5反と倍に、栽培株数も同様に倍にしました。スーピマ種は、アップランド種よりも繊維長が長く、柔らかく、綿そのものの輝きがよいため、タオルなどの商品にすれば付加価値を高められると考えたからです。

収穫重量は、2011年にリントコットン（種

付）で500kg、2012年800kg、2013年800kg（約5反、1反当たり160kg）でした。現代では、栽培統計など栽培と収穫数量の目安となるものがありませんが、栽培に詳しいタビオ奈良株式会社の島田淳志氏によると、近年、日本国内で1反当たり150kgを収穫したことは、特筆すべきで栽培効率が格段に素晴らしい結果だそうです。

いい綿糸からいい商品を作ろう

当初は、「できあがった綿糸がいい出来栄えなのか、わからない」ことに困っていました。できたアップランド種から紡績してもらうために、糸作り（＝紡糸工程）を依頼した大正紡績株式会社の営業担当浅田大輔氏は、

「2011年日本全国で栽培された多くの方々から、綿から糸作りを依頼されました。その中でも、ジェイギフトの綿の品質は、つややか、優しい淡い色、繊維長が長く、ごみがほとんど入っていないなど多くの点で、上位にあがる優れたものでした」とコメントし

ています。

無農薬で育て、手摘みされた綿からできた紡績糸は、つやのある優れた品質を有するものとなりました。その糸を使った〝糸から国内今治産の〟織物が実現しました。輝きあることから「プラチナタオル」と名付けました。

輸入した綿糸を使用した「しまなみ美人」シリーズは原価を比較的抑えることが可能ですが、今回のように綿花を国内で生産、紡糸した綿糸を使用した場合、製造原価が嵩んだことから、バスタオル一枚当たりの売価が3万円程度になりました。これまでの商品とは全く異なる価格です。

バスタオル一枚3万円をどう売るのか?

完成した3万円のバスタオル、どうマーケティングするのかが重要でした。3万円を払って購買してくれるのはどんな方々なのか、それらの方々に提供するにはどこで販売すればいいのか、などです。しかし、これまでできる販売方法はＷｅｂサイトでの通信販売、自社店頭での販売に限られていました。

そうこうしているうちに、テレビ番組「とくだね」で、「高級すぎる日用品」と紹介されました。この放送をきっかけに、普段、月1、2回の問い合わせだったのが、報道以降は一時的に日に30枚以上販売できるようになったのです。Ｗｅｂでも成功の兆しが出てきた折、さらには、百貨店から販売の申し出がありました。首都圏の百貨店では、このタオルの常設コーナーが設けられ、評判を得ているようです。

ここでおもしろいのは、この前後から、百貨店バイヤーが熱心に栽培を手伝いに訪れていることです。5月の種まきの時期に、10月の収穫時に、自ら作業を手伝うなど栽培に関わっているようです。つまり、販売者である百貨店バイヤーが栽培を体験しているのです。

バイヤーはこの体験を通じて、バスタオルがどう原料から作られていくのかといった流れを学んでいます。おそらく、タオルの織や染などの工程を見学したりする機会はもって

参加体験　お客様が訪れ収穫の手伝い

いたのかもしれませんが、ここで目新しいのは、原料となる綿の栽培から体験できることです。これまでであれば、バイヤーが綿花栽培を体験しようと思えば、米国など日本国外にいかないとだめでした。つまり、綿花がどう作られて糸になっているのかといったことを目でみて、触って体験することが難しかったはずです。それが、日本国内で綿花栽培を体験できる時代になったのです。これはすごいことです。

バイヤーが、販売する商品の原料ができるところから体験することで、その商品が有する「空気感」、「栽培する土地やイメージ」を肌で感じられます。バイヤーはそこで体験した空気感をPOPや広告、口頭説明の中で、経験した喜びや楽しさ、その価値を的確に伝えることができるのです。商品やバイヤーを通して、店頭にものづくりの喜びや楽しさがあふれるはずです。

「しまなみ美人ストール」とスーピマ綿畑

さて、2014年は昨年栽培した長繊維のスーピマ種綿から大正紡績で80番手の細いコーマ糸(6)をひき、長野県の高澤織物で製織、今治でオゾン漂白、ベンガラ染めにて商品化した究極の純国産「しまなみ美人ストール」の販売をギフトショーで発表し好評を得ています。

純国産のものづくりをすすめる

「将来に向けて、国内産綿花による商品づくりの波がさらに高まることを期待する」と加地氏。さらに、「今は各地域の栽培者が、それぞれ独自に栽培、商品化などのアイデアづくりを

(6) 短かい繊維の除去と繊維を平行に引き揃えるために櫛（コーマ）を通すことで製造される、細くて、しなやかな高級糸。

行っている。しかし、それらのもの同士が協調し、連携して栽培綿を集め、一定のボリュームにしたほうが、パワーをもてる。効率が良くなる。そのため、国産綿花栽培の力が結集し、雇用創出や耕作放棄地などの農業問題の一部解消など、さらには特色のある地域物産の開発など様々なアイデアと商品、お土産作りで事業化できるはずだ」と考えています。

同社では、農業を本格的に取り組むために農業生産法人「株式会社しまなみコットンファーム」を設立し、農業から商工業まで一貫したものづくりマーケティングを実践していこうとしています。

2011年に初めて六次産業化の講習会に話を聞きに行き、無我夢中で意思決定して始めたプロジェクト。事業として確立し、定番商品化、また次の斬新な一手が仕込まれているようです。加地氏にかかれば、いくつもの地域物産がアイデアされているのでしょう。

ジェイギフトの事例から学ぶ参加体験コトづくりマーケティングのポイント

1. フラッグシップ作り、高級すぎる日用品というコンセプト
2. セット商品で価値を創り出す
3. セット商品は買い手のシーンに合わせた売り方を考える
4. 商品は原料にこだわることでより輝く
5. 販売担当に体験を積んでもらい売り場に輝きを与える

事例3　一般財団法人境港市農業公社
――和綿を市民が栽培し、「伯州綿」のブランド化

鳥取県境港市は、弓ヶ浜半島に立地し、その半島は太古に形成された砂洲であり、さんご礁の離島同様に農業の潅水が難しい地域でした。ようやく江戸時代になって鳥取藩が灌漑用の水路を整備したこと（米川）、淡水レンズ効果で堆積した海水に浮かぶ淡水を効果的に活用する技術開発がされたことなどにより、水稲をはじめ綿花栽培が盛んとなりました。江戸時代はそこで栽培された綿花「伯州綿」を原料とし、色鮮やかな弓浜絣(7)が作られ

(7)　弓浜絣は鳥取県西部の弓浜半島周辺に伝えられる伝統的工芸。手つむぎ糸を使用し、天然藍で染める。寛政年間（1789~1800）に、米子の車尾で「つかみ絞」という簡単な絞り染め技法をもとに始まったと伝えられ、綿織物が農家唯一の衣料だったこともあり、藩政期の終わりには、藩の保護と指導のもとに農家の副業として発展した。現在は「浜絣あいの会」により技術の保存伝承が図られている。1975年に国の伝統的工芸品に、1978年に県指定無形文化財に指定された。出所：鳥取県教育委員会事務局文化財課 http://db.pref.tottori.jp/

ました。明治時代を契機に洋装化が進んだ現代ですが、いまなお、この地域では伯州綿が栽培され、その織物がブランドの価値を有して残っています。

しかし、市内では高齢化による農業の担い手不足から耕作放棄地が増加し、他方、長引く不況の影響などによる働く場所の減少等が地域の問題となっていました。市ではそれら問題解決の一つの手法として、綿花栽培の振興と就労機会の創出を目的に、独自の取組みを始めました。

市民と一緒に綿花栽培

境港市の出資法人である一般財団法人境港市農業公社は、市内の雇用創出、産業創出を目指して国の雇用基金を活用し、２００８（平成２０）年から市内中心部において、和綿の栽培を行いました。市民から「栽培サポーター」を募り、栽培サポーターが育てた綿を公社が一定の金額で買い取るという新たな運営システムを２０１１（平成２３）年から始めました。

耕作放棄地解消とブランド作り

市内では、高齢化が加速し、それとともに年々耕作放棄地が増加してきました。耕作放棄地解消策として休耕地の管理耕作用作物の検討を行っていた際に、職員が綿花栽培を思いついたのが、きっかけです。というのも、境港市域は江戸時代に全国で綿花栽培が行われていた時に、和綿の品種「伯州綿」ブランドとして、全国にその名を知らしめていたことを地域の歴史家から教わっていたからです。かつてのブランドを復活させることで、地域物産の開発につながり、あわせて、耕作放棄地解消につながれば、一石二鳥の事業に育てられると考えました。

弓浜絣

江戸時代に「伯州綿」ブランドとして全国に名を馳せた和綿は、地元では絣の糸として、手紡糸されていました。農家が和綿を栽培し、綿繰り機で種を取り、それを糸車などで紡ぎます。まさに、人の手によって編み出される暖かい真心こもった手紡糸でした。それを、絣職人が経糸、緯糸に織り上げた織物が「弓浜絣」です。農民の自給用衣料に端を発しているだけに、絵柄の素朴さが大きな特徴で、他にはみられない鳥の羽根のまるみや円などの美しい曲線が表現されています。

現在では、絣とその技能を伝承するために鳥取県弓浜絣協同組合(8)が、「弓浜がすり伝承館」において、その歴史などを伝えるとともに、後継者の育成、技術伝承などを行っています。

---

(8) http://www.y-gasuri.jp/。弓浜絣の技術伝承と事業者同士の共同事業を目的とする団体。

日本最大の和綿の産地に

弓浜絣の材料を供給するために農家は伯州綿を継続的に栽培していましたが、その面積、収穫量はごくわずかでした。このままでは、絣が途絶え、綿花栽培も途絶えてしまう、そんな危機感を抱いた境港市の職員は、綿花栽培の復活を志しました。

2008（平成20）年に公社が試験栽培として、和綿（伯州綿）を約0.5反（536㎡）植え、約60kg収穫しました。明治時代の収穫量を示す資料（図表5－6）をみれば、和綿なら一反あたり60～70kg収穫するのが平均的とされています、それと比べても、うまく収穫できたものと思われます。1反の半分で約60kg、1反に直せば少なくみて100kg収穫できる、とすればかなり収穫成績が良いようです。

先のとおり、2008（平成20）年は、栽培面積536㎡、収穫重量60kgでした。その後、栽培面積を2.6haまで拡大しています。収穫重量は年によって、バラツキが多少見られますが、2トンから3トンの範囲となっているようです。

図表5-6 明治時代の綿花栽培

年	綿作面積（町）	換算1（a）	換算2（ha）	実綿収量（千貫）	換算3（t）	一反（10a）あたりの収穫重量（kg）
明治12年	104,735	10,386,947	103,869	20,947	78,551	75.6
15	69,055	6,848,433	68,484	13,811	51,791	75.6
17	82,413	8,173,194	81,732	16,157	60,589	74.1
20	98,469	9,765,525	97,655	22,901	85,879	87.9
25	71,432	7,084,169	70,842	12,585	47,194	66.6
28	55,541	5,508,201	55,082	10,489	39,334	71.4
30	44,444	4,407,671	44,077	7,304	27,390	62.1
33	28,262	2,802,844	28,028	4,894	18,353	65.5
35	20,700	2,052,894	20,529	3,322	12,458	60.7
38	12,204	1,210,315	12,103	2,146	8,048	66.5
40	7,391	732,992	7,330	1,425	5,344	72.9

出所：武部善人（1997）p.202
原典：『日本帝国統計年鑑』明治12、15年は面積から収量を推算

２０１１（平成２３）年から始まった東北コットンプロジェクトの栽培面積は、一時最大８haにもなりましたが、現在は除塩効果が得られたこともあり、再び水稲栽培にシフトし、栽培面積が１ha程度に減少していることから、現在、ここ境港市が日本最大の広さを有する綿花栽培地域だといえます。

２００９（平成２１）年は約１haで約６６８kgの収穫がありました。翌、２０１０（平成２２）年は約１.５haで１,３５０kg、２０１１（平成２３）年、２.３haで６００kg、２０１２（平成２

図表5-7　綿花栽培の年表

	地域の出来事	綿花栽培	関連活動
2008年	・水木しげるロードの入り込み客数が170万人を突破	栽培1年目 栽培面積：536㎡、和綿1,608株 収量：60kg、伯州綿	
2009年		栽培2年目 栽培面積：10,000㎡、和綿3万株 収量：668kg、伯州綿	
2010年	・ロード入り込み客数370万人 ・NHK連続テレビ「ゲゲゲの女房」	栽培3年目 栽培面積：15,000㎡、和綿4.5万株 収量：1,350kg、伯州綿	・伯州綿で制作した妖怪「一反木綿壁掛け」PR
2011年	・ロード入り込み客数322万人	栽培4年目 栽培面積：23,000㎡、和綿6.9万株 収量：600kg、伯州綿	・東日本大震災 ・「第一回全国コットンサミットin岸和田」への参加 ・伯州綿の100歳長寿お祝いひざかけ、新生児おくるみプレゼント
2012年	・水木しげるロードの入り込み客数が270万人を突破	栽培5年目 栽培面積：26,000㎡、和綿7.8万株 収量：3,135kg、伯州綿	・「第二回全国コットンサミットin境港市」開催ホスト
2013年	・ロード入り込み客数283万人 ・『境港市五十五周年史』刊行	栽培6年目 栽培面積：26,000㎡、和綿7.8万株 収量：1,907kg、伯州綿	・「第三回全国コットンサミットin広陵町」への参加
2014年		栽培7年目 栽培面積：19,000㎡、和綿5.7万株 収量：ー、伯州綿	

＊収穫重量は種付（「リントコットン」と呼ぶ、繊維を「リント」、種は「綿実」）。
綿実をとる綿繰りをしたリントのみにするとリントコットンの30％の重量に。
出所：境港市へのヒアリング、およびwebサイトによる

伯州綿の栽培

下向きに綿ができます。

和綿の花は、黄色

4）年は、最大2．6haで、最大の3，135kg収穫するなど、優れた収穫量を実現しています。

写真をみていただけると、市民が積極的に栽培し、栽培体験する姿が見て取れると思います。子供たちやお年寄り、農家やサラリーマンなど年令、性別、職種がまちまちの人々が綿花の栽培に一生懸命になっています。綿花は人を生き生きとした表情にさせます。

県の農業普及員が積極的に栽培指導

この数年、栽培に関しては、鳥取県西部総合事務所農林局、西部農業改良普及所の栽培指導を受け、栽培に関するノウハウを習得しています。普及所では、1.無農薬栽培における防除技術の確立、2.多収技術の確立（無農薬栽培コットンを一反（10a）で100kg収穫）などを目指して、研究や栽培実証実験を行うようです。

先に示したように、国内において綿花栽培の地域や団体が増加していますが、地域の農業技術の要である農業改良普及所などが栽培などについて積極的に関与するプロジェクトは限定的です。

行政組織が綿花栽培に積極関与するケースが少ないのは、いまなお、綿花は輸入によって調達するものという繊維産業会に固定観念があること、日本の農政において綿花栽培が定着しにくいこと、輸入関税撤廃で国内での綿花栽培が消滅したと思われていることなどが挙げられるでしょう。しかし、こうした固定観念は、次第に塗り替えられようとしています。

高い原価が課題

しかしながら、順風満杯な活動の歩みだしとはいえないようです。栽培に関しては国の緊急雇用交付金制度を獲得して、それにより栽培担当者の人件費（2013年まで6名）を賄っています。緊急雇用交付金制度がなくなれば、その費用捻出を公社と市でどう負担するのか、また採算性のある事業への変革をどう図るのかなど今後は、知恵と工夫を絞る必要性がでてくると思われます。

また、もう一つの課題は、栽培して紡糸した糸値が一般的なオーガニックコットンなどの糸値よりも遥かに高価であることです。伯州綿100％で太さ20番手程度の糸値は、4万円／kgです。同条件のオーガニックコットンや普通の綿糸では、高くても1，000円／kg程度です。この高価な綿糸で商品化すると、非常に原価率が高くなり、消費者が手を出しにくい価格帯になってしまうのです。そこで、対応策として、栽培綿とオーガニック綿を混ぜ、国産綿花の混率を下げて、市場にふさわしい価格に設定しています。

高い価格の原料や商品がどう市場に受け入れられるのか、このあたりのマーケティングの工夫が最も急務です。

工夫をこらした商品化

この高い綿糸から商品をどう展開するのか、いろいろなアイデアが出され、試行錯誤しています。２０１１年に、大阪の樽井繊維工業株式会社などと協力して、ワッフルタオルやニット商品を開発し販売するようになりました。特に、ニットで作られる純国産綿による商品は肌触りもいいため、赤ちゃんの「おくるみ」として販売されています。２０１３年には、境港市の有名観光スポットである水木しげるロードに出店したＪＡアンテナショップ「まちなかアスパル」で弓浜絣製品とともに「おくるみ」や「マント」を販売してい

伯州綿によるおくるみ

伯州綿のマント

純国産 赤ちゃんおくるみ
出生児へのプレゼント

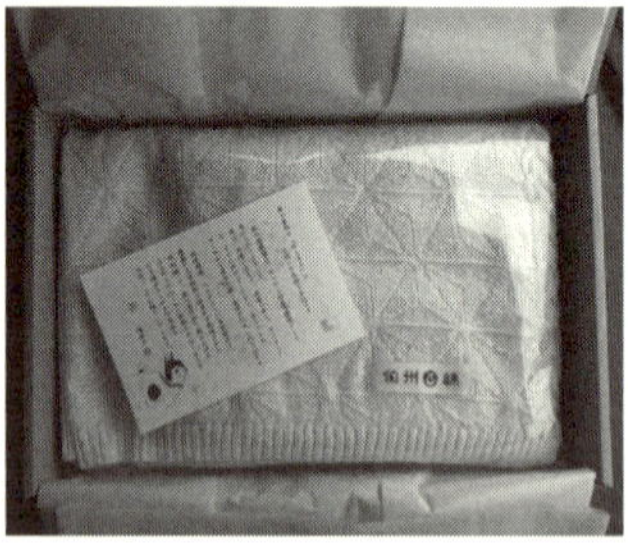

ます。

２０１４年からは国産・農薬不使用栽培に着目された「無印良品」のネット販売にて販路拡大を図っています。

地域で伯州綿を育てていく仕掛け作り

この伯州綿復活のための本プロジェクトは、境港市がかつて綿花栽培の一大産地であることを知らない方々などへの啓発という当初大きな意味をもっていました。そのため、収穫された綿のファンを少しでも増やすために、境港市農業公社では市内の新生児に「おくるみプレゼント」を行うようにしています。

市内で栽培収穫された伯州綿で、生まれた新生児の体を優しく包み込む。プレゼントされたおくるみを通して、親子が地元の特産品を利用するといった素晴らしい仕掛けだと思います。まさに、次の世代に伯州綿が語り継がれるストーリーを展開しているのです。

栽培サポーター制度を作る

栽培面積を増やして、商品化を進めるには、収穫量を増やす必要がありました。そのため、市民の方々から栽培を手伝ってもらう人々を募集する制度を作りました。「栽培サポーター制度」は、登録した市民が綿花栽培し、その収穫したものを一般財団法人境港市農業公社が買い取ります。労働対価を収穫時の買い上げで清算する（種付き綿花1kg当たりを1，500円）もので、栽培サポーターは楽しみながら、活動することができるようです。平成26年度は、26組102名の栽培サポーターが約6，000㎡を受け持っています。

栽培サポーターは、老若男女問わず、20歳代から70歳代まで、幅広い年齢層から集まっているようです。女性の割合が高く、夫婦の参加が多いようです。

サミットの開催誘致

2012年10月には、境港市内で初めてとなる「全国コットンサミットin境港市」が開催されました。「全国コットンサミット」は、全国の綿花栽培者が一堂に会して、綿

参加体験　市民とともに

花栽培、綿への思い入れ、地域振興の思いや活動などをお互い語り、共有する場として、２０１１年に大阪府岸和田市の事業者などが中心となって始まった活動です。２０１１年に大阪府岸和田市で第一回サミットが開催され、その2回目となるのが境港市での開催でした。

境港市役所の職員の方々は、サミット誘致に熱心であり、また、綿花栽培においてもすでに3年余りの実績を有し、その規模も大きく取組みが素晴らしかったために、開催が決定されました。

サミットでは、全国から参加、発表された方々に対して、伯州綿の栽培状況を見学してもらい、発表会場では地元の弓浜絣の職人が手仕事を実演しました。また、各地からの参加者の栽培綿の展示、また制作されたスカーフやタオルなどの即売などが行われました。

1日だけでしたが、開催期間の来場者数は700名を超え、新聞報道などのマスコミ報道によって、全国にむけて境港市の綿花栽培、伯州綿復活を伝えることができました。

地域内外に向けた効果

ここまでみてきたように、境港市の綿花栽培は、多くの成果や変化を得ているように思います。まず、境港市は水産業と水木しげるロードで有名だということ以外にも、日本で最も広い国内No.1の「伯州綿」の産地だということが広く知られるようになり、「境港市」を広く全国の方々に知らしめることになりました。

次に、地元の市民に対しては、伯州綿の栽培サポーター制度を通じて、一緒に参加体験型の取組みが続くことで、市民の中にも着実に地元地域の特産品として、認知度が向上しています。また、赤ちゃんおくるみを新生児に送る企画を始めたことで、若い世代へ特産品についてて知ってもらうきっかけになっているようです。

また、市内の耕作放棄地対策にも一役買い、耕作することで土地や地域の活力アップに役立っています。そこでは、担い手となるシルバー人材の雇用を生み出すことにもつながっています。

このように、綿花栽培を手掛けて、市民が参加体験する活動を始めることで、市民の地域愛着心の向上につなげられ、また市外にも伯州綿、綿花栽培の日本最大産地として個性的な取組みを情報発信するなど、市の広報、つまりマーケティング活動に一役かっています。

伯州綿の伝承、ブランド化を目指す

これまで栽培リーダーとなる方々を国の緊急雇用制度で毎年6名雇用してきました（2014年度は3名に減少）。6名の方々に対して、公社は栽培指導を行い、伯州綿の栽培に必要なスキルを獲得するなど、本事業の中核的な担当を担っていました。

しかしながら、緊急雇用制度が打ち切られれば、それらの方々を雇用するのに、自治体からの資金負担が必要となり、今まで以上に財政運営面で厳しくなることが予想されています。

ただ、境港市長は、伯州綿の復活を志し高く施政方針に掲げております。今後も数ある課題を少しずつ克服しながら伯州綿の伝承、ブランド化に向かっていくとのことです。


境港市農業公社の事例から学ぶ参加体験コトづくりマーケティングのポイント

1. 市民との協働、楽しんで特産品を生み出す参加体験型の仕組み
2. 市の広報は、市民向けと市外向けを意識して行う
3. 伯州綿、弓浜絣といった繊維の歴史や現代の暮らしを伝える
4. 地元で収穫した伯州綿のおくるみで、新生児をくるみ、愛着心を醸成するストーリー作りを実践する

第6章

参加体験コトづくりマーケティングの実践

ここまで人口減少社会の到来を迎えて、人々の価値観が変化している様子をお伝えし、それにあわせ、コトラーのマーケティング3．0での共創の概念やサービス・ドミナント・ロジックによるモノづくりとコトづくりの調和による新たなものづくりの考え方を紹介しました。

加えて、社会に貢献する価値を企業の経営に取り入れよとポーターが提案するCSVの考え方が、これからの時代に対応した経営を進める企業や団体にとって必要であることもとりあげました。

こうしたマーケティングの理論や考え方をもって、現代国内で盛んになりつつある綿花栽培とそれによる商品開発の動きを分析した結果、これらの動きは、人口減少社会に向けて新たな時代価値を発見・実現するため、作り手と買い手の共創活動であることがわかりました。加えて、その共創で行われていることは、社会課題を解決することにつながることもわかりました。

こうした一度何らかの事情で途絶えた綿花栽培について、全く新しい概念や価値観をもって現代社会で再び栽培にチャレンジし、そこからストーリー性の高い商品を開発する事例企業や団体の動きは、他の業種や業界で事業活動を行う企業や団体にとっても学ぶ点が多いはずです。

本章では再度、参加体験コトづくりマーケティングの取組み方法を再考し、本書のまとめとしたいと思います。

参加体験コトづくりマーケティングの主な方策

1. 「バックグランド・ストーリー」を付与する
2. 「フラッグシップ・モデル」を示す
3. 地域の関係者と協業し、地域資産を活用する
4. 社会貢献価値（シェアード・バリュー）を事業に埋め込む

ものづくりの背景を伝えて、買い手から顧客へ距離感を近づける

ものづくりにおいては、作り手は常に「バックグランド・ストーリー」を買い手に伝えることが必要でしょう。ものづくりへの考え方、こだわり、良さを伝えるには、「どう作っているのか」を伝えることで、企業や団体が有するものづくりへの姿勢や考え方を買い手と共有することができます。買い手は、そうした情報を見聞きし、商品購買することで「贔屓の顧客」になっていくのです。

また、バックグランド・ストーリーを伝えることで、その商品を所有し、使用することでどういった価値をもたらすのかといったコトの創造性を享受することができます。モノとコト、これは一つの対の事柄としてバックグランド・ストーリーを通して買い手が楽しめるのです。

サムライジーンズが行う、月2回以上の参加体験イベント「サムライ綿づくり倶楽部ミーティング」などは、ものづくりの裏側を買い手と作り手が一緒になって楽しむというの

が特徴です。

綿花の種うえ、雑草ひき、収穫にはじまり、藍染めなどといった製作工程を体験することでものづくりのこだわりや難しさを伝えています。こうした手の込んだイベントを地道に楽しみながら続けることが、バックグランド・ストーリーを作り手から買い手に伝える最良の手段となっています。

最近は自動車販売にもこうしたマーケティング手法をとることが増えています。日産スカイラインGT-Rは、製品開発に向けてユーザーや購買予定者に対して、開発の考え方、目指す方向、どういう車なのかをWebを通じて少しずつ「前売り情報」として伝えることで、コアなファン層を築き、あたかも作り手と買い手が一緒にものづくりをしているかのようなイメージを作り上げることに成功しました。先に事例で挙げたダイハツ新型コペンでも、同様の広告手法が採用され、開発秘話を通じてバックグランド・ストーリーを有効に買い手に伝え、販売までの興味喚起に成功したことから、受注販売台数も好調な滑り出しとなっているようです。

また、日本酒醸造メーカーが行う酒蔵見学が代表的な事例にあたるでしょう。酒蔵や歴史的価値のある建物を開放して、酒造りへの考え方や思いを知っていただくことで、「あの酒蔵でできた酒だなぁ」とか、「あの杜氏が仕込んだものだな」、「よい酵母でいい酒を造るには職人の経験と勘が決めてなんだな」などといった親近感や馴染み感を共有することでものづくりのバックグランド・ストーリーを広く知ってもらっています。

フラッグシップ・モデルを作ろう

自社が有する最高の技術やノウハウを結集した商品を作り、それをフラッグシップ・モデルとして買い手や顧客に訴求しましょう。販売できる量にはかなりの制限があり、思うように売れず、赤字になるかもしれません。しかし、このフラッグシップ・モデルが事業の広告塔なのです。また、企業や事業が歩む羅針盤となっているはずです。

先に事例に挙げた「高級すぎる日用品」としてジェイギフトが販売するバスタオルは、

その企業が地域の課題解決、たとえば耕作放棄地対策や雇用創出を解決できる可能性を秘めたものであり、また地域外から外貨を稼ぐ特産品開発につながるものです。

この純国産のフラッグップ・モデルは、販売割合がたとえ数パーセントであっても、そのモデルの訴求力は他の商品を販売する上で最も重要なポジションを表すもので、その企業や団体のこれから向かうイメージを映す牽引役なのです。

また、サムライジーンズは、ジェイギフト同様、純国産の商品作りにこだわっています。篠山で育てた和綿は、その栽培方法にも究極のこだわりをもち、栽培した和綿100%の綿糸から織り上げ、本藍染を施した究極のジーンズを作りました。この高額商品の価値は、販売実績から価値を判断するのは非常に困難です。しかし、この商品はサムライジーンズにとっては大変重要な、その理念を商品に込めた旗頭、「フラッグシップ」なのです。

地域の人、組織と関わりをもち、地域特性を引き出そう

企業や団体は、できるだけ地域の特性を生かす方策を検討しておきましょう。

企業城下町だから一貫生産ができる企業が多いとか、繊維の集積だから染など2次加工工程が豊富にそろうために、輸送費を節約しながらも多様な仕上げ加工をすることで、付加価値をつけるなどといったように、産業の集積に位置すれば、その近辺の企業や団体等とは情報交換を密にして、事業を遂行するうえで、少しでも有利な条件をつかみましょう。

きっと、遠くでなくとも近くに同様の加工をしてくれる企業や団体があるのかもしれません。それにより、時間短縮やコスト削減にもつながります。大田区や東大阪市域はいずれも日本で有数の中小企業の街です。そうした地域に位置、営業することが地域資産を活用するうえで、とても優位なのです。

集積が近くになく、工業地帯でもないので、そうした加工工程に直接役立つ地域資産は

見当たらないので残念だと思う必要はありません。その場合でも、工業だけに縛られず、サービス業、農業、林業など幅広い業種と情報交換し、地域の特性を理解したうえで、そこに蓄積されている見えない地域資産を活用する工夫が重要なのです。

組織は、社会に貢献できてこそ価値を生む

これまで企業や団体は貨幣上の利益を生むことを最優先事項として事業を営んできました。しかし、人口減少を迎え、価値の多様化が進んだ社会になれば、地域にとって非常に重要な社会貢献が求められるようになるはずです。

価値が多様化すれば、それぞれのマーケットは相対的に小さくなり、画一的な対応だけでは買い手のニーズを満たせないことから、中小規模の企業や団体においても出番が増えるはずです。

また、価値の多様化とともに、課題の多様化も生じるはずです。そうした小さくても重

要な価値や課題に対応することが事業遂行の前提条件となります。このような社会貢献価値を生み出し、市民レベルでの価値共有ができてこそ、組織や事業の存続意義が生まれるのです。

境港市農業公社を例にとれば、市民と綿花を栽培し、特産品をよみがえらせ、地域資源を創り出し、人を呼ぶという仕組みを作り上げました。そして、栽培された和綿からできた糸で織ったおくるみを、赤ちゃんにプレゼントすることを通して、地域の価値を地域に返すといった社会貢献のあり方を模索したわかりやすい取組みです。

サムライジーンズでは、企業関係者だけが綿花栽培に関わるのではなく、地域の農家や住民も一緒になって栽培を行うことで、耕作放棄地対策や、獣害対策、雇用創出、ツーリズムなどの地域の課題解決に取り組んでいます。

何らかの人、地域とのつながり、課題解決や価値の実現を通してみえてく社会貢献価値の実現を事業にどう、組み込むのか、この考え方は社会の一員として活動する企業や団体にとっては最重要な項目として取組む必要がありそうです。

補論　全国コットンサミット活動

ここでは、私どもが綿花を軸に、活動している内容について、ふれたいと思います。

全国コットンサミット活動は、本論で紹介した事例企業や地域への綿花栽培技術提供や広告宣伝協力を通じて、「モノ」と「コト」を通じた、新たな価値作りの率先、耕作放棄地対策などの社会課題の解消などの情報交換や意識啓発に取り組むもので、注目されています。

２０１４年現在、サミットの代表幹事としては、大正紡績株式会社繊維事業本部長近藤

健一氏が就任し、外部の専門家が脇をかためて活動しています。

サミット活動で何を目指しているのかは、以下の表を参考にしていただければと思います。

社会的動向	課題の設定
・ものづくりの現場では、「国内空洞化」、「素材知識の不足」などにより、ものづくりの質があやぶまれつつあります。一方、「天然素材への要望」は高まりつつあります。 ・社会は人口減少（オーナス）動向に向かっています。２００４年をピークとして日本国内の人口減少に歯止めがかからず、今後消費の大きさが縮小してくると思われます。そのため、いいもの・確かなものを少なく所有し、身に着けたいといった感覚が高まるはずです。つまり、「プレミア感の高い商品の要望」が高まることと思われます。	・ものづくりにおける素材知識の不足 ・ものづくりの国内空洞化と雇用不安 ・素材を輸入のみに傾斜しすぎて起こる為替変動、資源高騰による調達リスクの増加

・また、オーガニックやエコを意識した倫理感の高い消費、つまり「エシカル・コンシューマリズム」も高まるはずです。	
・高齢化とともに家庭菜園数は増加し、野菜などものづくりの喜び、いきがいづくりとして植物栽培や土いじりに注目が集まっています。 ・子供たちへは、コットンボールから、綿糸が作られ、それが身の回りの服になっているなど、ものづくりの基礎を教える必要があります。子供たちだけでなく、我々大人も同様です。	・生涯学習と生きがい作り ・歴史学習の欠如や身の回りのものづくり知識の不足
・農家は高齢化が進み、我々の食を担う農地は荒れ、「遊休地」や「耕作放棄地」が増加の一途です。そのため、いのししなどが作物を荒らすなど農業への被害が深刻になっています。	・都市近郊農業の弱体化と耕作放棄地増加、農業被害

このように、社会的な課題などについて綿花栽培を通じて、解決しようとしています。

社会的課題の解決

・国内で綿花栽培を行い、糸作りへの工程を「見える化」することで、繊維関係者や専門家、市民、子供たちに素材知識について実学を通じて学べる場づくりを行います。
・国内で綿花栽培、綿の収穫、紡糸といった原料生産を行うことで、「綿花高騰による海外からの調達困難について一部解消」、「安心安全な原料づくりとプレミアム性の実現」を行います。
・そうすることで、エシカル・コンシューマーへの要望に応えます。
・農地に近い放棄地を管理することで、獣害を軽減します。
・また、高齢者をはじめとする様々な年代が持つ土いじりなどの生きがいづくりの場を提供します。

出所：全国コットンサミットWebサイトより抜粋

一言でいうならば、社会的な課題解決のために、上記のような情報を共有し、綿花栽培を切口に解決策を図ろうとしているのが、全国コットンサミット活動です。

なお、全国コットンサミット事務局は、各地で開催するサミットの中央会的な位置づけであり、「全国コットンサミット」という名称は、こうしたエシカルな活動を目指す人々、団体における「アクション・ブランドネーム」です。

各地では特色のある運営によって、地域振興などのきっかけづくりに開催要望が高まっています。

今後、このサミット活動はしばらく継続的に実施することが重要です。そうすることで、世の中にわずかばかりでも、活動を通じて、情報発信を行い、新たな地域活性化や社会的課題の解決へと結びつく土台づくりが成され、時代に合わせた活動内容を企画立案していくことに通じるはずです。

「千里の道も一歩から」

この本を通じて、こうした活動に興味をもっていただき、元気な日本、元気な地域を作り上げるような人々の熱い思いや活動が、綿花のように「ほっこりと」起きてくることを期待いたします。

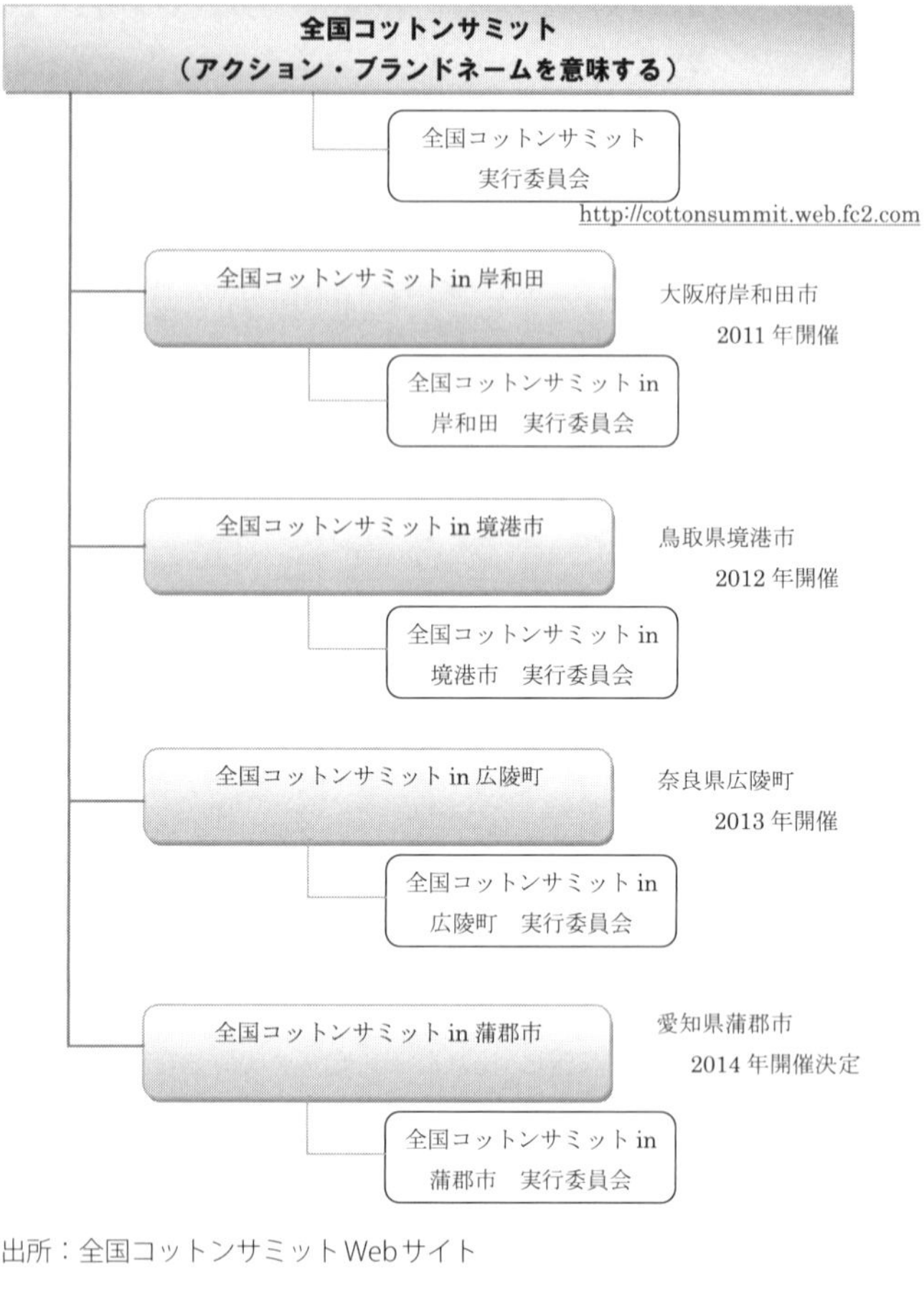
全国コットンサミット
（アクション・ブランドネームを意味する）
全国コットンサミット
実行委員会
http://cottonsummit.web.fc2.com
全国コットンサミット in 岸和田
大阪府岸和田市
2011 年開催
全国コットンサミット in
岸和田　実行委員会
全国コットンサミット in 境港市
鳥取県境港市
2012 年開催
全国コットンサミット in
境港市　実行委員会
全国コットンサミット in 広陵町
奈良県広陵町
2013 年開催
全国コットンサミット in
広陵町　実行委員会
全国コットンサミット in 蒲郡市
愛知県蒲郡市
2014 年開催決定
全国コットンサミット in
蒲郡市　実行委員会

出所：全国コットンサミットWebサイト

おわりに

サムライジーンズの野上社長、周囲の常識を完全に打ち破る純国産のジーンズを作りました。篠山での綿花栽培は、多くの人々を巻き込み信頼を受けています。顧客は参加体験し、ものづくりを学び、より強いファンとなり、強い信頼関係を築きます。

ジェイギフトの加地社長は、自ら率先垂範した綿花栽培は、固定観念にとらわれず、創意に富んだやり方を編み出し、収穫した綿花の品質はずば抜けたものになりました。真摯なものづくりは、遠方からも人々が栽培を手伝いに参加するなど、学ぶべき点が多いです。

境港市農業公社は、行政が地域の課題解決のために、市民を巻き込んで、楽しみ綿花栽培を行う注目すべき仕組みができています。そこには、伯州綿という伝統的なブランドと、新たな取組みによる活性化策との工夫を組み合わせた活動です。

これらいずれも、参加体験型のコトづくりマーケティングとして、ふさわしい事例です。皆様、インタビューに応じていただきありがとうございます。これからも、綿花とともに頑張っていきましょう。

少子化社会、人口減少社会を迎えた現在、人々の価値のあり方、暮らしぶりを再考し、豊かに楽しめる世の中をどう作るのか、綿花栽培を手段としたこうした取組みがきっと、近い将来の企業行動、ならびに人々の暮らしぶりを指し示す羅針盤になるでしょう。

筆者自身、なぜ現代社会において、綿花栽培が広がり、国産に目が向いてきているのか、企業や人々の活動についてとても興味深く感じていました。本稿で少しでもその現象について、マーケティングを切口に考察することができたように思います。

本書が新たな時代の価値を見出そうと考える方々、企業に参考としていただければ、身に余る喜びです。

いつも夢と進むべき方向性を教えていただいている大正紡績株式会社近藤氏に御礼申し上げます。サミット活動を支えるスタッフの皆様、大きな目標に向けて少しずつ歩みましょう。

本書執筆の企画段階から出版まで貴重なアドバイスを頂戴した同友館の佐藤文彦様、出版の機会を与えていただいた同友館様にはこの場を借りてお礼申し上げます。

最後に、綿花栽培と国産のものづくりが、ますます充実した価値づくりになるように祈り、本稿執筆の間、協力してくれた私の妻、３人の子供に感謝して筆をおきたいと思います。

２０１４年１１月

松下　隆

記す

〈参考文献〉

五木寛之（2011）『下山の思想』幻冬舎
井上崇通、村松潤一（2010）『サービス・ドミナント・ロジック―マーケティング研究への新たな視座』同文館出版
エリック・オルセナ（2012）『コットンをめぐる世界の旅―綿と人類の温かな関係、冷酷なグローバル経済―』作品社
きしわたの会（2002）『地域を見つめ夢を育てる』
財団法人日本綿業振興会（2003）『コットン・ファブリック』
財団法人日本綿業振興会（2001）『もめんのおいたち』
全国コットンサミット実行委員会（2011）『全国コットンサミットin岸和田事業報告書』
武部 善人（1997）『綿と木綿の歴史』御茶の水書房
月泉博（2006）『ユニクロVSしまむら』日本経済新聞出版社
西川五郎（1960）『工芸作物学』農業図書㈱
日比暉（1994）『なぜ木綿』財団法人日本綿業振興会
フィリップ・コトラー、ヘルマン・カルタジャヤ、イワン・セティアワン、恩蔵直人（監訳）（2010）『マトラーのマーケティング3.0―ソーシャル・メディア時代の新法則―』朝日新聞出版

古田隆彦（２００３ａ）『人口減少社会のマーケティング新市場を創る９つの消費行動』生産性出版
古田隆彦（２００３ｂ）『人口減少日本はこう変わる』ＰＨＰソフトウェアグループ
松下隆（２０１２）「全国コットンサミットと被災地支援」『産業能率』社団法人大阪能率協会、増刊号、４‐７頁
松下隆（２０１０）「綿花栽培と地域循環のものづくり」『産業能率』社団法人大阪能率協会、６３１、４‐７頁
松下隆（２００６）「地道で息の長い地域振興の実践を目指して―岸和田市の木綿物語プロジェクト―」『産業能率』社団法人大阪能率協会、５８７、２‐６頁
南和男（１９７８）『幕末江戸時代社会の研究』吉川弘文館
藻谷浩介、ＮＨＫ広島取材班（２０１３）『里山資本主義―日本経済は「安心の原理」で動く―』角川書店
２００９年１１月３０日「自前で種から物作り」『繊研新聞』

松下《まつした》　隆《たかし》

中小企業診断士
全国コットンサミット実行委員会事務局

2000年より岸和田での綿花栽培活動をバックアップし、綿花の面白さにハマる。
2011年、「第一回全国コットンサミットin岸和田」からメンバー。Webサイト、Facebookの運営などをボランティアで担当する仕掛け人。自らも綿花栽培を実践している。
本業は大阪府・大阪産業経済リサーチセンターの主任研究員として、大阪府内の産業や企業に関するリサーチを行う。2009年府内の繊維産業実態調査を担当し、繊維業界にも詳しい。

2014年11月30日　第1刷発行

参加体験から始める価値創造
—綿花栽培に学ぶコトづくりマーケティング—

著　者 © 松　下　　隆
発行者　脇　坂　康　弘

発行所　株式会社　同友館
〒113-0033 東京都文京区本郷3-38-1
TEL.03(3813)3966
FAX.03(3818)2774
http://www.doyukan.co.jp/

落丁・乱丁本はお取り替えいたします。
三美印刷／松村製本所
ISBN 978-4-496-05099-2
Printed in Japan